Der große Naturführer

Nach Lebensräumen gegliedert

Pflanzen, Tiere, Wolken und Sternbilder benennen

Thomas Launois, Xavier Nitsch, Sophie Padié,
Morgane Peyrot, Blandine Pluchet, Charles Zettel

Illustrationen von Lise Herzog

Aus dem Französischen von Annika Klapper,
Felix Mayer, Svenja Tengs, Ilona Zuber

Anaconda

Abkürzungen und Symbole

Pflanzen und Bäume

Wuchshöhe bei Pflanzen Wuchshöhe bei Bäumen

E Einjährig

Z Zweijährig

A Ausdauernd

L Laubabwerfend

I Immergrün

Essbar: Bestimmte Teile dieser Pflanze sind essbar. Doch Vorsicht: Bevor Sie sie verzehren, sollten Sie die Pflanze zweifelsfrei bestimmt haben.

Giftig: Die Pflanze oder manche ihrer Teile sind für den Menschen giftig.

Heilpflanze: Die ganze Pflanze oder bestimmte Teile haben eine medizinische Wirkung.

Achtung: Holen Sie vor der Anwendung Informationen ein und gehen Sie sicher, dass Sie die Pflanze korrekt bestimmt haben.

Insekten und Schmetterlinge

Größe (vom Kopf bis zum Ende des Hinterleibs)

Spannweite

Zur zuverlässigeren Bestimmung sollte ein Foto gemacht werden

B Seltene oder bedrohte Art

G Geschützte oder bedrohte Art

Tagfalter

Nachtfalter

Vögel

 Spannweite bei ausgebreiteten Flügeln

 Größe (vom Scheitel bis zum Schwanzende)

Der Himmel

 Planet

 Sehenswerter Stern

 Deep-Sky-Objekte

 Leicht zu entdecken (sehr hell oder häufig)

 Mit etwas Übung zu entdecken (weniger hell oder häufig)

 Schwer zu entdecken (leuchtet schwach oder selten)

 Ephemeriden oder astronomische Nachrichten verfolgen

Ideale Beobachtungszeit

Wettervorhersage

 Schönes Wetter

 Leichte Niederschläge

Niederschläge

 Gewitter

 Sturm

Inhaltsverzeichnis

Einleitung   6

Kapitel 1: Auf den Wiesen   13
Wildblumen   14
Das Leben in der Erde   28
Insekten   30
Die Jahreszeiten   34
Schmetterlinge   36

Kapitel 2: Am Wasser   41
Wildblumen   42
Bäume   52
Die Tierwelt an den Ufern   54
Insekten   56
Schmetterlinge   60
Vögel   64

Kapitel 3: Im Wald   71
Bäume   72
Flechten und Moose   82
Pilze   84
Wildblumen   94
Kleine Säugetiere   104
Insekten   106
Schmetterlinge   110
Große Säugetiere   114
Vögel   116

Kapitel 4: In den Bergen   123
Wildblumen   124
Bäume   130
Felsgestein   134
Insekten   136
Schmetterlinge   138

Kapitel 5: In der Atmosphäre   143
Vögel   144
Die Wanderungen der Tiere   146
Hohe Wolken   148
Mittelhohe Wolken   150
Tiefe Wolken   152
Vertikale Wolken und Begleitwolken   154
Besondere Wolkenformen   156
Hydrometeore   158
Himmelserscheinungen   160

Kapitel 6: Im Universum   163
Das Sonnensystem   164
Astronomische Erscheinungen   168
Der Mond   170
Sternbilder   172
In weiter Ferne   182

Glossar   186

Index   188

Einleitung

Dieser Naturführer öffnet Ihnen die Tür zur Welt der Blumen, Bäume, Insekten und Vögel sowie all der anderen Tiere und Pflanzen, die unseren Planeten bevölkern. Außerdem lernen Sie Himmelskörper, Wolken und Sterne kennen – all die Elemente der Natur, die wir in unserer städtisch geprägten Lebenswelt nur allzu oft vergessen; die Dinge, die uns zwar täglich begegnen, denen wir aber oft keine Beachtung schenken.

Mit diesem Buch können Sie all das erkunden: Kleines und Großes, auf der Erde und am Himmel, auf den Wiesen und in den Baumkronen, am Wasser und in den Bergen, am Taghimmel und am Nachthimmel.

Dieser Naturführer will nicht allumfassend sein – Enzyklopädien gibt es schon genug. Vielmehr will er Ihnen eine Auswahl vorstellen, wie sie für unsere Weltgegend typisch ist, und Ihre Neugier wecken. Dabei werden Sie die ganze Vielfalt und die Schönheit unseres herrlichen, aber sensiblen blauen Planeten entdecken, der durch die Weiten des Kosmos kreist, wo jedes Lebewesen seinen Platz und seine Aufgabe hat.

Aufbau des Buches

Dieses Buch ist in sechs Kapitel aufgeteilt, die jeweils einem Naturraum gewidmet sind. Im ersten Kapitel lernen Sie das Leben auf den Wiesen kennen. Sie tauchen ins hohe Gras ein, wo Sie Blumen, Insekten und Vögel entdecken. Das zweite Kapitel führt Sie an die Ufer von Flüssen und Weihern. Im dritten Kapitel blicken Sie zu den hohen Bäumen in den Wäldern auf, und im vierten erklimmen Sie die Berge und lernen die Tier- und Pflanzenwelt kennen, die für diese Gegend typisch ist. Im fünften Kapitel steigen Sie hinauf zu den Wolken und schweifen durch die Atmosphäre, wo Sie etliche überraschende Beobachtungen machen. Und das letzte Kapitel führt Sie in die Weiten des Weltalls, wo Sie die Gestirne und Himmelsobjekte kennenlernen, die uns die Nacht enthüllt.

Um Ihre Beobachtungsgabe zu schärfen und die Informationen in diesem Buch nutzen zu können, brauchen Sie eine gewisse Vorbereitung. In den folgenden Abschnitten finden Sie daher zu den Themengebieten, die dieser Naturführer behandelt, jeweils Basiswissen, Ratschläge und Hinweise. Zusätzlich finden Sie über das Buch verteilt zahlreiche Einschübe, die bestimmte Themen vertiefen.

Insekten

Mit über einer Million bekannter Arten sind die Insekten die artenreichste Klasse auf der Erde. Sie haben sich allen Lebensräumen angepasst, bestäuben Pflanzen, reinigen und düngen den Boden und dienen Vögeln, Fledermäusen und Amphibien als Nahrung. Damit sind sie unentbehrlich für das Gleichgewicht der Ökosysteme und den Fortbestand des Lebens.

Dieses Buch stellt in den einzelnen Kapiteln einige der Insekten vor, die im entsprechenden Naturraum beheimatet sind. Jede Art wird detailliert in Wort und Bild beschrieben, hinsichtlich Aussehen, Lebensraum und Lebensweise.

Dennoch sollten Sie wissen, wie der Körper von Insekten aufgebaut ist, um sie sicher bestimmen zu können. So gehören etwa Spinnen nicht zu den Insekten, sondern zu den Arachniden. Ein Insekt hat folgende Merkmale: ein dreigeteilter Körper (Kopf, Thorax, Abdomen), drei Beinpaare, ein Paar Fühler und ein Paar Mundwerkzeuge. Die Anzahl der Flügel beträgt meist vier, doch nicht alle Insekten haben Flügel.

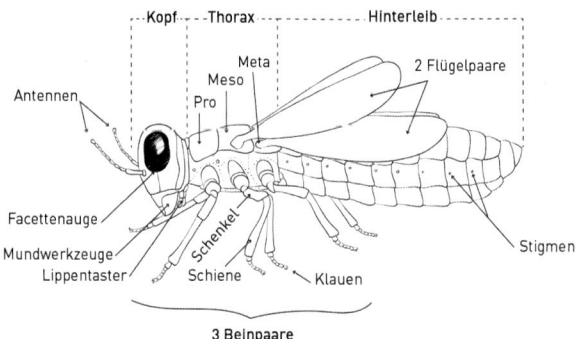

Die Klasse der Insekten ist in zahlreiche Ordnungen aufgeteilt, darunter die folgenden:
- Käfer (Coleoptera), gut erkennbar an dem verhärteten Flügelpaar der Deckflügel, die das zweite Paar schützen, welches zum Flug dient, wie etwa bei Marienkäfern, Maikäfern oder Laufkäfern.
- Zweiflügler (Diptera), zu denen etwa Fliegen, Mücken und Schwebfliegen zählen.
- Hautflügler (Hymenoptera): Hummeln, Wespen, Bienen oder Hornissen.
- Schmetterlinge (Lepidoptera), die sich in Tag- und Nachtfalter teilen.
- Libellen (Odonata), zu denen die eigentlichen Libellen und die Wasserjungfern gehören.
- Heuschrecken (Orthoptera), die man oft schon hört, bevor man sie sieht, darunter die Grashüpfer und die Grillen.

Schmetterlinge

Unter allen Insekten sind die Schmetterlinge sicher die beliebtesten. Durch ihre verblüffende Metamorphose, die den Frühling verheißt und mit der Verwandlung der Raupe sinnbildlich für Erneuerung steht, bringen uns die Schmetterlinge zum Träumen.

Schmetterlinge fallen vor allem durch ihre Flügel ins Auge. Diese Flügel – insgesamt vier – sind oben und unten mit Schuppen bedeckt. Die farblosen Schuppen stabilisieren die Flügel, die pigmentierten Schuppen schmücken sie. Eine exakte, detaillierte Beschreibung der Flügel ist für die korrekte Bestimmung von Schmetterlingen unerlässlich.

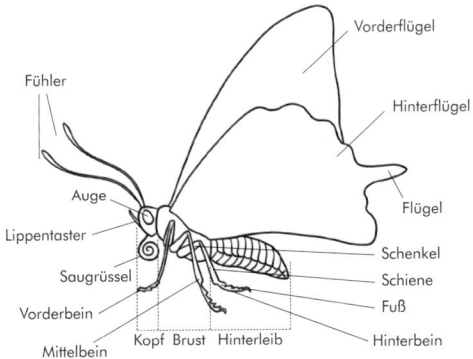

Tagfalter und Nachtfalter unterscheiden sich durch ihre Fühler. Die Fühler der Tagfalter haben die Form einer Keule, mit einer sichtbaren Verdickung an der Spitze. Wie die meisten Insekten verbringen auch die Schmetterlinge den größten Teil ihrer Lebenszeit als Larven, genauer gesagt als Raupen. Ihr Entwicklungszyklus (Ei, Raupe, Puppe, Imago) dauert je nach Art unterschiedlich lange. Zwar hat die Imago nur die Aufgabe, die Fortpflanzung zu sichern, doch leben manche von ihnen ein ganzes Jahr lang und legen bei ihren Wanderungen bisweilen weite Strecken zurück!

Die Raupen ernähren sich von Pflanzenblättern und sind dabei oft auf eine bestimmte Pflanzenart angewiesen, die Wirtspflanze, auf der auch die ausgewachsenen Weibchen ihre Eier ablegen. Diese Pflanzen bestimmen also den Lebensraum der jeweiligen Schmetterlingsart, und wenn man sie kennt, kann man dort die Raupen beobachten, möglicherweise auch die Puppen und ihre Verwandlung.

Blühpflanzen

Mit über 250 000 Arten bilden die Blühpflanzen den größten Teil des Pflanzenreiches. Mit ihren Farben beleben sie die Natur, manche genießbare Sorten verzieren in der Küche unsere Gerichte, und jene, die medizinische Wirkung besitzen, helfen beim Heilen von Krankheiten.

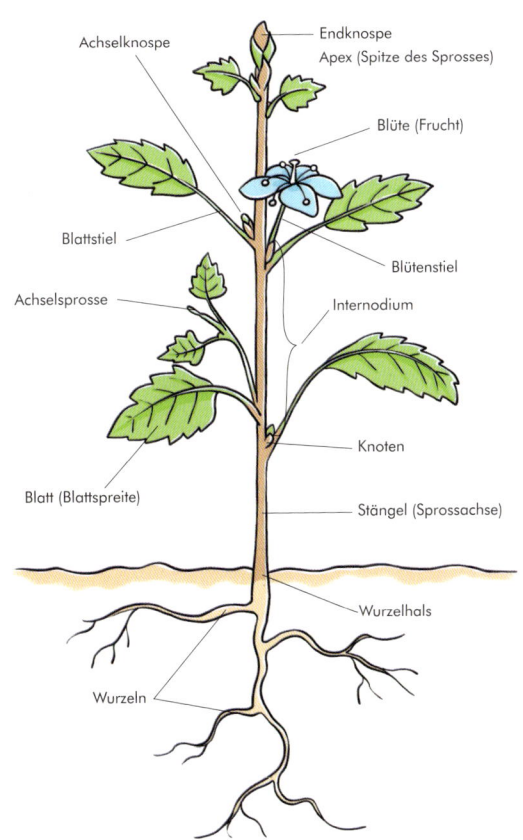

Um Blumen bestimmen zu können – die meisten blühen zwischen April und August –, macht man sich zunächst am besten mit ihren Bestandteilen vertraut. Die Wurzeln verleihen der Pflanze Halt in der Erde und nehmen Wasser sowie lebensnotwendige Mineralsalze auf. Der Stängel trägt Blätter und Blüten und umschließt das Gewebe, das den Pflanzensaft in alle Abschnitte der Pflanze transportiert. Er kann krautig oder verholzt sein. In den Blättern befindet sich der Großteil der Chloroplasten, jener Zellen, die Photosynthese betreiben. Die Form der Blätter gibt zahlreiche Hinweise darauf, um welche Pflanze es sich handelt. Noch mehr Informationen liefern jedoch die Blüten, die Reproduktionsorgane der Pflanze.

Die Blüten können einzeln am Stängel stehen, meist bilden sie jedoch Blütenstände: Trauben, Ähren oder Dolden. Es gibt auch zusammengesetzte Blüten; was wie eine einzige Blüte erscheint, ist dann in Wahrheit ein ganzes Bündel, wie etwa bei Margeriten. Eine Blüte besteht aus den grünen Kelchblättern, die dem Schutz dienen, den Blütenblättern, die oftmals farbenfroh sind, um Bestäuber anzuziehen, den Staubblättern (männliches Organ) mit dem Pollen sowie den Fruchtblättern, von denen meist nur der Griffel zu sehen ist und die die weiblichen Keimzellen schützen.

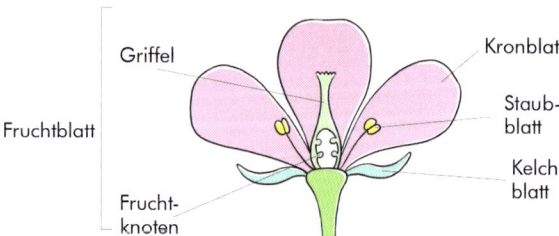

Bestäubende Insekten oder der Wind legen auf dem Griffel den Pollen ab, der in die Fruchtblätter eindringt und dort die Samenanlage befruchtet, wodurch sich der Samen bildet. Daraufhin wandelt sich die Blüte schon bald in eine Frucht, die die Samen enthält. Diese schützen die Keime gegen die Unbilden des Wetters. Verbreitet werden sie wiederum etwa durch den Wind oder die Ausscheidungen der Tiere, die sich von ihnen ernähren.

Bäume

Bäume spenden uns nicht nur Früchte, Blätter und Harz, sondern liefern auch Brennholz sowie Material für Schreinerarbeiten und den Hausbau. Sie halten Kälte und Hitze ab, bilden die Wälder, die unseren Planeten atmen lassen, und sie überdauern Jahrhunderte und erinnern uns dadurch an unsere Vorfahren, die sie einst gepflanzt haben. Einen Baum kennenzulernen, heißt auch, die Tiere und Pflanzen kennenzulernen, die mit ihm in Symbiose leben, sei es auf seinen Ästen oder unter seinen Wurzeln. Ein Baum ist ein ganzes Ökosystem.

Bäume sind verholzte Pflanzen, die bei guten Bedingungen höher als sieben Meter werden. Um einen Baum zu bestimmen, kann man die Früchte und die Rinde studieren; am einfachsten ist es jedoch, die Blätter und ihre Form in Augenschein zu nehmen.

Laubbäume

- fächerförmiges Blatt
- rundes Blatt
- dreieckiges Blatt
- ovales, gezacktes Blatt
- ovales Blatt mit glattem Rand
- längliches, schmales Blatt
- zusammengesetztes Blatt
- gelapptes Blatt

- Blatt mit kreisförmig angeordneten Lappen

Nadelbäume

- breites, starres Blatt
- kurze Nadeln
- gebüschelte Nadeln
- lange Nadeln
- verästelte Zweige

8 Einleitung

Zum besseren Verständnis der Beschreibungen seien hier noch einmal einige Begriffe erläutert. Gelappte Blätter haben einen Rand, der wellenförmig ist oder mehrere Spitzen aufweist. Zusammengesetzte Blätter bestehen aus mehreren, voneinander unabhängigen Blättchen, die man leicht für einfache Blätter halten kann; die Knospe am Ansatz des Blattstiels ermöglicht hier eine eindeutige Bestimmung. Der Blattstiel ist der kleine Stiel, der das Blatt mit dem Ast verbindet. Die Blattadern sind die Linien, die vom Blattstiel ausgehen und den Saft im ganzen Blatt verteilen. Der Blütenstiel verbindet die Frucht oder die Blüte mit dem Ast. Als Kätzchen bezeichnet man eine bestimmte Art von kleinen Blüten, die keine Blütenblätter haben und oft länglich sind oder herabhängen.

Vögel

Fröhliches Gezwitscher, lange Wanderungen, verblüffende Flugkünste, bezaubernd schöne Federn – Vögel bringen uns immer wieder zum Staunen! Sie sind in Gärten, Parks und auf Dachböden, in Bäumen und Hecken, und sie bringen Farbe und Musik in unser Leben. Was wäre eine Welt ohne Vögel, und welche Freude bereitet es, sie zu entdecken!

Die Beschreibungen in diesem Buch sind nach Naturräumen geordnet und stellen jeweils das Aussehen einer Art vor, ihren Lebensraum, ihre Lebensweise sowie Besonderheiten. Das hilft Ihnen bei der Bestimmung. Die Illustrationen zeigen das typische Äußere der Art, oft im Federkleid der Balzzeit. Wenn Männchen und Weibchen sich unterscheiden, sind beide abgebildet.

Bei der Bestimmung von Vögeln geht man am besten schrittweise vor. Beginnen Sie in einem Park oder einem großen Garten; dort sind die Vögel in der Regel weniger scheu. Frühling und Frühsommer sind ideale Jahreszeiten, denn dann sind sie besonders gut zu sehen (sie tragen ein farbenfrohes Gefieder für die Balz und sind sehr aktiv, beim Nestbau und bei der Brutpflege) und nicht zu überhören (sie singen und zwitschern bei der Balz). Raubvögel warten bis zum späten Vormittag, bis aufsteigende, warme Luftströme entstehen, die sie in die Höhe tragen.

Üben Sie zunächst, das Gefieder einer Art zu erkennen, und lernen Sie dann, Männchen und Weibchen voneinander zu unterscheiden. Machen Sie sich anschließend mit dem Gesang vertraut, und üben Sie zum Schluss, die Art anhand der Silhouette im Flug zu erkennen.

Wenn Sie in Ihrem Garten ein Vogelhäuschen oder einen Nistkasten anbringen, können Sie bestimmte Arten von Nahem beobachten. Achten Sie jedoch darauf, die Größe des Nistkastens und das Futter im Vogelhäuschen auf die Art abzustimmen, die Sie anlocken wollen; befolgen Sie außerdem die Hinweise auf den Futterpackungen.

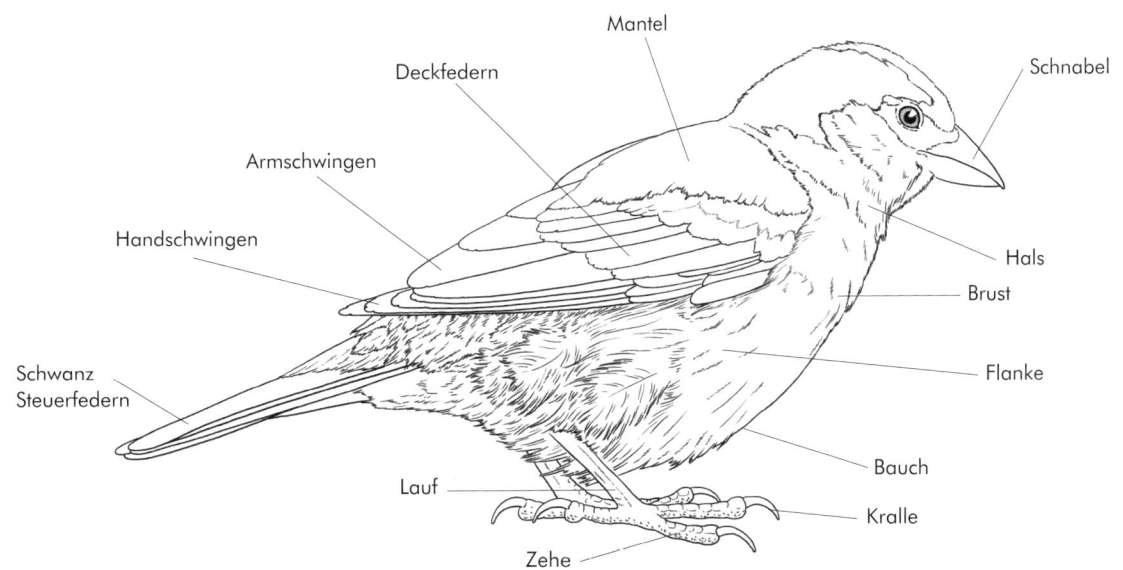

Wolken

Nichts ist leichter und unterhaltsamer, als Wolken zu beobachten. Man kann sich von der Vielfalt ihrer Formen überraschen lassen, immer neue entdecken und sich an ihnen erfreuen, aber es gibt auch viel Interessantes über sie zu erfahren. Außerdem lässt sich anhand von Wolken kurzfristig das Wetter vorhersagen.

Wolken sind riesige Ansammlungen von Wassertröpfchen (in der Atmosphäre) oder von Eiskristallen (in höheren, kälteren Luftschichten). Bei ihrer Bestimmung beginnt man mit der Höhe ihrer Untergrenze, anhand derer sie einer Wolkenfamilie zugeordnet werden: hohe, mittelhohe und tiefe Wolken. Vertikale Wolken sind solche, die sich über mehrere Zonen erstrecken, wie etwa *Cumulonimbus*.

Anhand ihrer allgemeinen Form werden die Wolken in zehn Gattungen eingeteilt (siehe Abbildung). Diese wiederum werden, anhand ihrer konkreten Form, ihres Umfangs und inneren Aufbaus, in Arten eingeteilt, und diese wiederum anhand ihrer Anordnung und ihrer Lichtdurchlässigkeit in Unterarten. Vervollständigt wird diese Klassifikation durch Sonderformen sowie Begleitwolken. In diesem Buch werden Sie eine Auswahl aus diesen Wolkenformen kennenlernen, jeweils nach Höhe geordnet, einige Begleitwolken, die häufig zusammen mit Cumulonimbus auftreten, sowie ein paar Sonderformen.

Die einzelnen Wolkenformen haben lateinische Bezeichnungen, je nach ihrer Gattung sowie ggf. ihrer Art oder ihrer Unterart. Begleitwolken und Sonderformen haben eigene Bezeichnungen.

Die Wolken spielen auch mit dem Licht der Sonne, wodurch am Himmel oft plötzlich Farben und geometrische Formen zu sehen sind. Diese optischen Phänomene lernen Sie am Ende des Kapitels kennen.

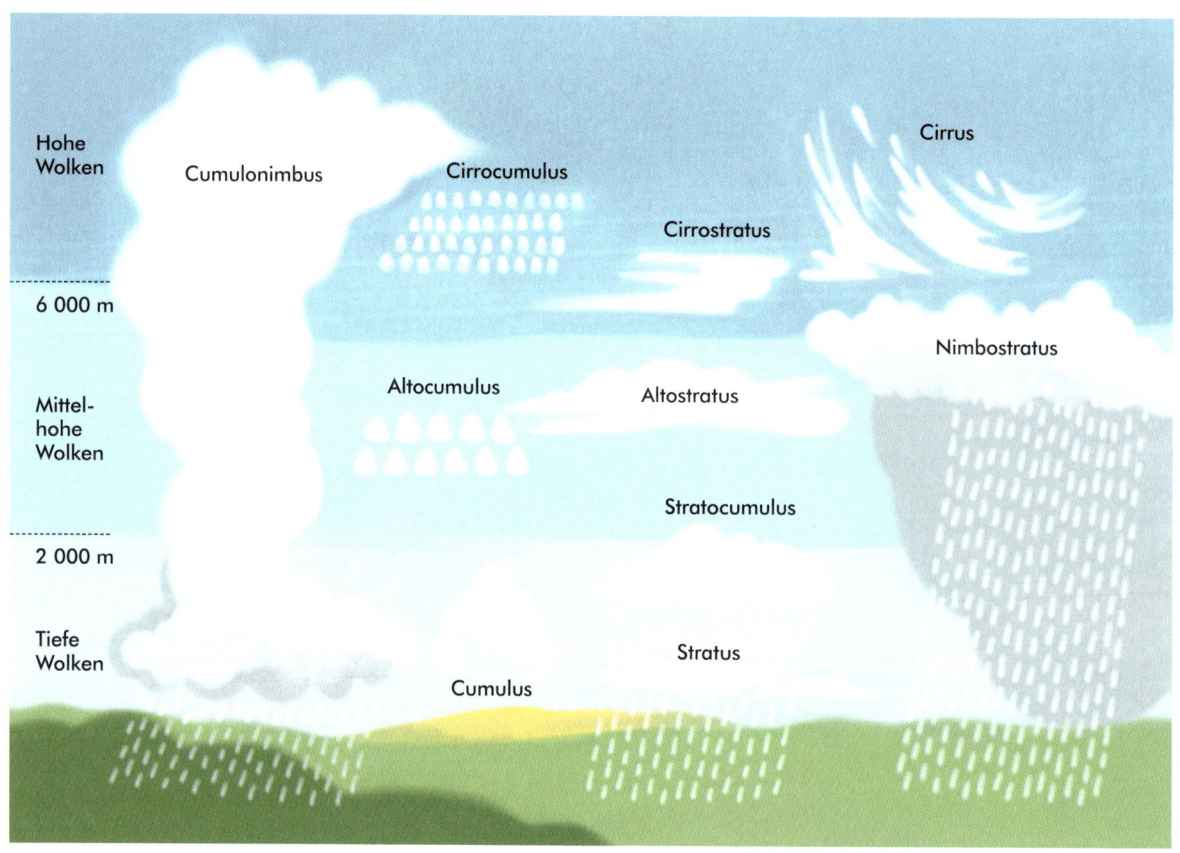

Der Nachthimmel

Bei klarer Sicht öffnet sich abends der blaue Vorhang des Himmels und gibt den Blick auf das sternenübersäte Firmament frei. Dann kann man das Universum erkunden! Wenn wir den Himmel beobachten, nehmen wir Verbindung zu den Sternen auf, die Teil der Geschichte des Universums sind, welche auch unsere Geschichte ist. In deren Verlauf bildeten sich in den Sternen die Atome, aus denen wir bestehen. Die Materie, die uns ausmacht, ist Sternenstaub.

Das einfachste Instrument zur Beobachtung des Universums ist das Auge. Wie jedes andere Instrument muss es gut vorbereitet und an die Nacht gewöhnt werden. Das menschliche Auge braucht etwa fünfzehn bis zwanzig Minuten, um sich an die Dunkelheit anzupassen. Jede Lichtquelle – mit Ausnahme von Rotlicht – stört die Sehfähigkeit bei Nacht.

Am besten beobachten Sie den Nachthimmel von einer Stelle im offenen Gelände aus, möglichst weit von künstlichen Lichtquellen entfernt. Legen Sie sich auf den Boden oder in einen Liegestuhl und richten Sie sich am besten nach Süden aus; dort sind die meisten Himmelskörper zu sehen. In der Stadt ist die Sicht weniger gut, aber wenn Sie die Lichtquellen im Rücken haben, sind auch von dort aus hellere Sterne und Planeten zu entdecken. Sternbilder macht man ausfindig, indem man sich merkt, wie sie zueinander stehen. Studieren Sie vorher eine Karte des Nachthimmels. Noch besser ist eine runde Sternenkarte, die immer nur den Teil des Nachthimmels zeigt, der zu einer bestimmten Jahreszeit um eine bestimmte Uhrzeit zu sehen ist. Um die Planeten ausfindig zu machen, brauchen Sie entsprechende Tabellen (Ephemeriden).

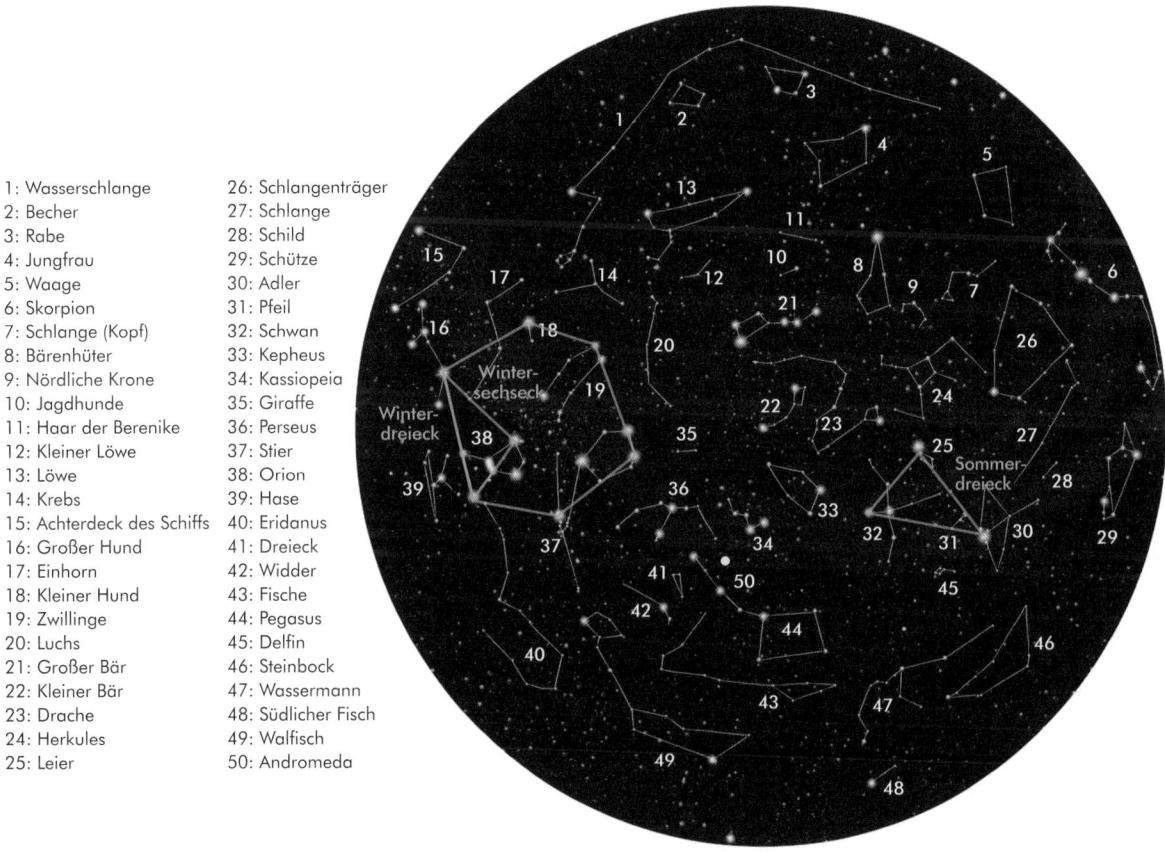

1: Wasserschlange
2: Becher
3: Rabe
4: Jungfrau
5: Waage
6: Skorpion
7: Schlange (Kopf)
8: Bärenhüter
9: Nördliche Krone
10: Jagdhunde
11: Haar der Berenike
12: Kleiner Löwe
13: Löwe
14: Krebs
15: Achterdeck des Schiffs
16: Großer Hund
17: Einhorn
18: Kleiner Hund
19: Zwillinge
20: Luchs
21: Großer Bär
22: Kleiner Bär
23: Drache
24: Herkules
25: Leier
26: Schlangenträger
27: Schlange
28: Schild
29: Schütze
30: Adler
31: Pfeil
32: Schwan
33: Kepheus
34: Kassiopeia
35: Giraffe
36: Perseus
37: Stier
38: Orion
39: Hase
40: Eridanus
41: Dreieck
42: Widder
43: Fische
44: Pegasus
45: Delfin
46: Steinbock
47: Wassermann
48: Südlicher Fisch
49: Walfisch
50: Andromeda

Insekten, Schmetterlinge, Blumen, Bäume, Vögel, Wolken oder Himmelskörper – all das können Sie nun erkunden und kennenlernen. Viel Vergnügen!

Kapitel 1
Auf den Wiesen

Hinter der Biegung eines Weges öffnet sich plötzlich eine weite Fläche mit Gräsern und den unterschiedlichsten Blumen – eine Wiese. Hohe Gräser, soweit das Auge reicht, Süßgräser, die sich im Wind wiegen, eine bunte Farbenpracht, die von den Strahlen der Sonne belebt wird.

Wer die hohen Gräser inspiziert und die unbekannten Wesen aufspürt, die sie bevölkern, kann wundersame Entdeckungen machen. Schwärme geschäftiger Insekten krabbeln zu Füßen der Pflanzen herum, manche erklimmen die Stängel, andere fliegen von Blüte zu Blüte.

Jetzt kann man vieles kennenlernen. Diese Pflanze dort, mit den langen, lanzettförmigen Blättern, welche ist das? Und wie heißt dieser hübsche gelbe Schmetterling? Und wie die Blumen mit den schellenförmigen Blüten?

Kornblume

Centaurea segetum

KORBBLÜTLER · 50 bis 80 cm · O E · Blütezeit: J F M A M **J J** A S O N D

Erscheinungsbild Diese hübsche einjährige (manchmal auch zweijährige) Blume verschönert im Sommer mit ihren tiefblauen, sternförmigen Blüten die Landschaft. Die Blüten in der Mitte des Korbes sind röhrenförmig und von blassem Lila, die am Rand gelegenen sind zungenförmig und gezackt. Am aufrecht wachsenden Stängel sitzen kleine, ungestielte Blätter, die schmal und länglich sind; die weiter unten liegenden Blätter sind gestielt und stark gekerbt. Der Blütenstand gleicht denen anderer Flockenblumen, insbesondere von *Centaurea graminifolius* und *Cyanus semidecurrens*, die allerdings in Gebirgsregionen beheimatet sind.

Verbreitungsgebiet und Standort Die Kornblume ist eine »Ackerbegleitpflanze« und häufig auf Getreidefeldern anzutreffen. Man findet sie fast überall in Europa sowie im Nahen und Mittleren Osten.

Verwendung als Heilpflanze Die Kornblume wirkt entzündungshemmend, antiallergisch und adstringierend (zusammenziehend). Äußerlich angewendet, lindert Tee aus Kornblumenblüten verschiedene Augenleiden (Augenreizung, ermüdete Augen etc.). Kornblumenwasser, das im Handel erhältlich ist, kann hierfür ebenso verwendet werden.

zwei »Lippen«

gezackte Blätter

Wiesensalbei

Salvia pratensis

LIPPENBLÜTLER · 35 bis 80 cm · O A · Blütezeit: J F M A M **J J** A S O N D

Erscheinungsbild Große, behaarte Pflanze mit charakteristischem Geruch. Die unteren Blätter bilden eine Rosette, die oberen stehen gegenständig am quadratischen Stängel. Die Blätter sind länglich-oval, die Ränder doppelt gezackt. Die dunkelblau-violetten Blüten bilden ungeordnete Ähren. Die Blütenblätter sind lippenförmig. In der oberen, hakenförmigen »Lippe« sitzen ein fruchtbares Staubblatt und ein Griffel, der aus der Blüte herausragt.

Verbreitungsgebiet und Standort Der Wiesensalbei ist weitverbreitet. Er bevorzugt helle, warme Standorte mit kalkhaltigen Böden. Er wächst auf Trockenwiesen, Böschungen und Wegen.

Nahe Verwandte Es gibt elf wild wachsende Salbeiarten, darunter der Echte Salbei, der auch angebaut wird. Wie viele andere Gewürzpflanzen (Thymian, Rosmarin, Lavendel, Basilikum etc.) gehören sie zu den Lippenblütlern.

Verwendung als Heilpflanze Der Wiesensalbei ist schwächer als der Echte Salbei. Weil er verdauungsfördernd und krampflösend wirkt, wird er für Tee verwendet. In der Gartenkunst wird er gern als Zierpflanze eingesetzt.

Vogel-Wicke
Vicia cracca

HÜLSENFRÜCHTLER | 100 bis 200 cm | A | Blütezeit  J F M A M J J A S O N D

Erscheinungsbild Kletterpflanze mit Ranken an den Spitzen der Blätter. Die Blätter bestehen aus acht bis zwölf Paaren von Blättchen. Die Blüten sind blau bis violett und bilden Ähren von fünfzehn bis zwanzig Stück, allesamt auf derselben Seite des geriffelten Stängels. Jede Blüte hat fünf Blütenblätter: oben ein großes (die Fahne), zwei seitliche (die Flügel) und zwei in der Mitte, die miteinander verwachsen sind (das Schiffchen).

Verbreitungsgebiet und Standort Auf Feldern, an Waldrändern, auf Lichtungen, Böschungen und Brachflächen.

Nahe Verwandte Es gibt vierzig Arten von Wicken. An den charakteristischen Blüten erkennt man sie als Hülsenfrüchtler. Zu diesen gehören auch Erbsen, Bohnen, Klee und Hornklee.

Wissenswertes Auf Äckern kann sie Schaden anrichten, weil sie andere Pflanzen verdrängt. Doch wie viele Hülsenfrüchtler dient sie auch der Honigproduktion und reichert den Boden mit Stickstoff an. Manche Arten werden als Trockenfutter oder Gründünger verwendet.

Gewöhnlicher Natternkopf
Echium vulgare

KREUZBLÜTLER | 30 bis 80 cm | Z | Blütezeit  J F M A M J J A S O N D

Erscheinungsbild Der Gewöhnliche Natternkopf ist relativ groß und hat feste, stechende Borstenhaare. Der Stängel steht aufrecht und ist violett gefleckt. Die unteren Blätter sind oval und länglich und bilden eine Rosette, die oberen sind schmaler. Die Blüten bilden verzweigte Blütenstände. Sie sind, je nach Alter, rosa oder blau, haben je fünf zusammengewachsene Kelch- und Blütenblätter sowie fünf hervorstehende Staubblätter.

Verbreitungsgebiet und Standort An trockenen, sonnigen Standorten, auf Brachflächen und Trümmerfeldern, auf Äckern und an Straßenrändern.

Wissenswertes Dient der Honigproduktion; Bienen, Hummeln und Schmetterlinge fliegen ihn an. Manchmal wird er auch zu dekorativen Zwecken gepflanzt. Der Farbwandel von Rosa bei jungen Blüten zu Blau bei geöffneten Blüten wird durch Farbstoffe (Anthocyane) verursacht, die auf die Veränderung des pH-Werts des Bodens reagieren (rosa = sauer, blau = basisch).

Auf den Wiesen

Wilde Karde
Dipsacus fullonum

70 bis 150 cm — KARDENGEWÄCHSE — Blütezeit: J F M A M J **J A S** O N D

Erscheinungsbild Stängel und Blüten sind stachelig. Die gegenständigen, gezackten Blätter sind am Ansatz verwachsen. Die kleinen, rosa-lila Blüten bilden einen eiförmigen, stacheligen Blütenstand. Am Ansatz des Blütenstandes befinden sich lange, dünne, spitze Blätter. Die Blütenstände bleiben den ganzen Winter über stehen; an ihnen lässt sich die Wilde Karde leicht erkennen.

Verbreitungsgebiet und Standort Die Wilde Karde ist weitverbreitet. Sie mag direktes Sonnenlicht und wächst auf beweideten Wiesen und Brachflächen, in Gräben und auf Trümmern.

Nahe Verwandte Eine verwandte Art, die Weberkarde, wurde früher verwendet, um Wolle zu kardieren, also die Fasern gleichmäßig auszurichten, wovon sich auch ihr Name ableitet.

Wissenswertes Manche Unterarten der Karden werden zur Dekoration verwendet.

Ackerdistel
Cirsium arvense

50 bis 130 cm — KORBBLÜTLER — Blütezeit: J F M A M J **J A S** O N D

Erscheinungsbild Stark verzweigte Pflanze mit gezackten, stacheligen Blättern. Was wie eine einzige Blüte aussieht, deren Farbe zwischen Purpur und Weiß changiert, ist in Wahrheit ein Blütenstand mit zahlreichen Röhrenblüten.

Verbreitungsgebiet und Standort Die Ackerdistel ist weitverbreitet. Sie wächst an sonnigen Orten und auf eher trockenen Böden, auf Äckern, auf Ödland und an Wegrändern.

Nahe Verwandte Andere Korbblütler sind etwa Kratzdisteln und Flockenblumen, so wie auch Kornblume, Zichorie, Löwenzahn, Schafgarbe, Gänseblümchen, Margerite, Rainfarn und Wasserdost.

Verwechslungsgefahr Es gibt rund vierzig Arten von Disteln, etwa die Gewöhnliche Kratzdistel, die ebenfalls weitverbreitet ist. Sie wird leicht mit der Wiesenflockenblume verwechselt, deren Blätter nicht stachelig sind.

Wilde Malve
Malva sylvestris

10 bis 120 cm — MALVENGEWÄCHSE — Blütezeit: J F M A M J **J A** S O N D

Erscheinungsbild Die breiten Blätter dieser mehrjährigen Schönheit sind gezackt, bestehen aus fünf abgerundeten Lappen und sitzen mit ihren langen Stielen auf dem Stängel. Die großen, rosafarbenen Blüten haben fünf Blätter mit jeweils drei dunklen Streifen. Die kleinen Früchte sind grün und rund. Alle Arten der Malve sind genießbar.

Verbreitungsgebiet und Standort In Europa, Nordafrika und Asien; in Gärten, auf Feldern, an Wegrändern und auf Ödland.

Eigenschaften Die Malve ist reich an Proteinen, Mineralstoffen, Vitaminen und Schleimstoffen; wegen dieser kann übermäßiger Genuss abführend wirken.

In der Küche Mit den hübschen Blüten kann man Salate, Teller oder Desserts schmücken. Die milden Blätter kann man roh essen oder wie Gemüse zubereiten. Schleimstoffe verleihen ihnen eine klebrige Konsistenz, weshalb sie zum Binden von Suppen oder für vegetarisches Fondue verwendet werden können.

Wiesen-Bärenklau
Heracleum sphondylium

50 bis 150 cm — DOLDENBLÜTLER — Blütezeit: J F M A M J **J A** S O N D

Erscheinungsbild Der Wiesen-Bärenklau ist eine große, ausdauernde Pflanze mit breiten, gefiederten Laubblättern mit je fünf bis sieben Abschnitten, die am Grund dichte Büschel bilden. Der robuste Stängel ist aufrecht und gefurcht. Die Kronblätter der weißen Blütendolden sind am Außenrand etwas größer als in der Mitte. Die runden, flachen Früchte sind sehr aromatisch. Möglich sind Verwechslungen mit dem Riesen-Bärenklau *(Heracleum mantegazzianum)*, dessen Pflanzensaft schwere Hautreizungen verursachen kann; allerdings erreicht diese Riesenpflanze Wuchshöhen von vier bis fünf Metern.

Verbreitungsgebiet und Standort Wiesen und Weiden, Wegränder und Feuchtgebiete in ganz Europa.

In der Küche Der Wiesen-Bärenklau ist reich an Vitamin C, Proteinen und Mineralstoffen. Die ganze Pflanze ist äußerst aromatisch. Aus den jungen Blättern lassen sich leckere Salate zubereiten, später geerntete nimmt man zum Verfeinern von Aufläufen, Tartes oder Suppen. Der unglaubliche Kokosgeschmack der Blätter verleiht Gerichten eine exotische Note. Die Früchte, deren Aroma an Ingwer erinnert, eignen sich hervorragend zum Würzen.

Auf den Wiesen

Magerwiesen-Margerite
Leucanthemum vulgare

20 bis 80 cm — KORBBLÜTLER — Blütezeit: M A M J J A S O N D

Erscheinungsbild Wächst in Büscheln, hat einen aufrechten Stängel und kann unterschiedliche Formen annehmen. Die Blätter sind gezackt oder gelappt. Die großen »Blüten« haben weiße »Blütenblätter« und sind in der Mitte gelb. Diese »Blüten« sind jedoch Blütenstände aus einzelnen Blüten. Die weißen am Rand ähneln Blütenblättern, die gelben in der Mitte sind röhrenförmig. Diese »Blüte« ist also ein Strauß!

Verbreitungsgebiet und Standort Auf Weiden, in Wäldern, auf Böschungen und Wegen, bevorzugt im direkten Sonnenlicht.

Nahe Verwandte Es gibt etwa zwanzig Arten von wilden Margeriten. Man darf sie jedoch nicht mit den Gänseblümchen verwechseln, die kleiner sind. Beide Arten gehören zu den Korbblütlern, so wie auch ihre nahen Verwandten: Kamille, Schafgarbe, Rainfarn, Ringelblume, Arnika, Aster und Wasserdost.

Verwendung als Heilpflanze Die Blätter können roh verzehrt werden; wegen ihrer krampflösenden, beruhigenden und verdauungsfördernden Wirkung werden sie auch für Tee verwendet.

Gänseblümchen
Bellis perennis

5 bis 15 cm — KORBBLÜTLER — Blütezeit: M A M J J A S O N D

Erscheinungsbild Wächst in dichten Büscheln und unterschiedlichen Formen. Die leicht gezackten Blätter bilden eine Rosette. Auf dem behaarten Stängel sitzt eine »Blüte« mit weißen »Blütenblättern«, die in der Mitte gelb ist. Dies ist jedoch ein Blütenstand aus vielen Einzelblüten: aus den weißen am Rand, die Blütenblättern ähneln, und den gelben in der Mitte.

Verbreitungsgebiet und Standort Gänseblümchen sind weitverbreitet auf Weiden, in hellen Wäldern und auf Rasenflächen.

Verwechslungsgefahr Leicht zu verwechseln mit der Römischen Kamille, die einen starken Duft verströmt und schmale, tief eingeschnittene Blätter hat. Die Margerite ist deutlich größer. Es gibt vier Arten von Gänseblümchen, dreißig von Kamille und zwanzig von Margeriten. Sie alle sind Korbblütler.

Wissenswertes Blüht fast das ganze Jahr über, am stärksten jedoch um Ostern herum. Die Blüten können roh verzehrt werden; wegen ihrer vielfältigen Heilwirkung werden sie auch für Tee verwendet.

Gemeine Schafgarbe
Achillea millefolium

20 bis 70 cm — KORBBLÜTLER — Blütezeit: M A M J J A S O N D

Erscheinungsbild Die stark gekerbten Blätter stehen wechselständig. Wie die Blätter trägt auch der Stängel kleine weiße Härchen. Die Pflanze hat zahlreiche »Blüten«, die weiß oder rosa sind. In Wahrheit handelt es sich jedoch um Blütenstände, und nur einzelne Blüten erinnern an »Blütenblätter«.

Verbreitungsgebiet und Standort Die Schafgarbe ist weitverbreitet, bevorzugt sonnige Stellen und toleriert trockene Böden. Sie wächst auf Brachen und Rasenflächen, an Wegrändern und an Waldrändern.

Verwechslungsgefahr Die Schafgarbe ist ein Korbblütler mit zusammengesetzter Blüte; sie wird leicht mit der Karotte und verwandten Arten verwechselt, die einfache Blüten haben.

Wissenswertes Als Heilpflanze hilft sie bei der Wundheilung und wirkt krampflösend. In Form eines Absuds dient sie der Pilzbekämpfung. Auch im Garten wird sie geschätzt, zur Dekoration und als Anflugstelle für Bienen.

Möhre
Daucus carota

50 bis 150 cm — DOLDENBLÜTLER — Blütezeit: M A M J J A S O N D

Erscheinungsbild Eine Pflanze mit einem Duft nach … Karotte! Die unteren Blätter bestehen aus zwölf bis fünfzehn Blättchen, die mehr oder weniger schmal und stark gekerbt sind. Die kleinen, weißen Blüten bilden Dolden, die sich im Reifestadium einrollen. Die mittlere Blüte ist oft purpurfarben. In einer Dolde sitzen alle Blütenstiele an der Spitze der Sprossachse. Die Frucht ist von Stacheln übersät.

Verbreitungsgebiet und Standort Weitverbreitete Pflanze, die das direkte Sonnenlicht bevorzugt. Sie wächst auf Wegen, an Felswänden, auf Anhöhen, auf Weiden und Äckern.

Nahe Verwandte Die Möhren und verwandte, genießbare Arten (Sellerie, Fenchel, Dill, Koriander, Petersilie, Kerbel) gehören zur Familie der Doldenblütler. Sie alle sind leicht an ihren doldenförmigen Blütenständen zu erkennen.

Wissenswertes Was wir in der Küche als Karotte verwenden, sind die Wurzeln der Unterart *Daucus carota sativus*.

Auf den Wiesen

Weißer Gänsefuß
Chenopodium album

FUCHSSCHWANZ-GEWÄCHSE — 20 bis 120 cm — Blütezeit: J F M A **M J J A S O** N D

gezähnter Blattrand

Erscheinungsbild Der Weiße Gänsefuß ist eine einjährige, aufrechte Pflanze, deren eiförmige Laubblätter gezähnte Ränder aufweisen. Die Unterseiten der Blätter sind, ebenso wie die Spitze der Pflanze, mehlig bestäubt. Dieser charakteristische Staub bleibt bei Berührung an den Fingern haften, woran der Weiße Gänsefuß gut zu erkennen ist. Der Blütenstand sieht aus wie eine dicke weiße Traube aus knäuelig zusammenstehenden Blüten. Eine Verwechslung mit anderen Gänsefuß-Arten ist möglich; alle sind jedoch essbar.

Verbreitungsgebiet und Standort Äcker und Gärten, gelegentlich auch unbewirtschaftete Flächen nahezu überall auf der Welt.

In der Küche Der Weiße Gänsefuß enthält die Vitamine A und C sowie Eisen und Kalzium und ist reich an Proteinen. Die Blätter des Weißen Gänsefußes, die während der gesamten Erntesaison zart sind, können in Aufläufen, Suppen oder Omeletts gegessen oder als Grundlage für einen Wildkräutersalat verwendet werden. Sie enthalten jedoch, ebenso wie Spinat, Oxalate und sollten daher nicht in großen Mengen verzehrt werden.

Kleinblütiges Knopfkraut
Galinsoga parviflora

KORBBLÜTLER — 20 bis 50 cm — Blütezeit: J F M A **M J J A S O** N D

Erscheinungsbild Das Kleinblütige Knopfkraut ist eine einjährige Pflanze mit eiförmigen, am oberen Ende spitz zulaufenden und gezähnten Laubblättern, die gegenständig angeordnet sind. Erkennbar an den vier bis sechs kurzen, weißen Zungenblüten, die vorne jeweils drei kleine Zähnchen haben. Diese Art ist unbehaart, im Gegensatz zu ihrer Verwandten, dem Behaarten Knopfkraut *(Galinsoga quadriradiata)*, das ebenfalls essbar ist.

Verbreitungsgebiet und Standort Ursprünglich aus Südamerika stammend, heute in ganz Europa heimisch. Oft wächst das Kleinblütige Knopfkraut in Gärten, wo es als typisches »Unkraut« gilt.

In der Küche Das Kleinblütige Knopfkraut ist reich an Mineralstoffen (Eisen, Kalzium, Phosphor, Magnesium) sowie an den Vitaminen A und C. Sein delikater Geschmack erinnert an Topinambur. Man verwendet vor allem die jungen Blätter, die als Gemüse gegart oder roh als Salat gegessen werden.

Hirtentäschelkraut
Capsella bursa-pastoris

20 bis 50 cm — Blütezeit
KREUZBLÜTLER — J F M **A M J J A S O** N D

herzförmiges Blatt

Erscheinungsbild Die gelappten Grundblätter dieser einjährigen Pflanze, die im Frühjahr austreibt, sind rosettenartig angeordnet und erinnern an Löwenzahn. Die kleinen, herzförmigen Schoten sitzen auf Stielen am Stängel. Die weißen Blüten bilden an der Spitze der Sprossachse eine Traube.

Verbreitungsgebiet und Standort In allen Regionen mit gemäßigtem Klima; auf Äckern, in Gärten und an Wegrändern.

In der Küche Die ganze Pflanze ist reich an Vitaminen, Proteinen und Mineralsalzen. Die Blütenstände können direkt nach dem Pflücken verzehrt werden, und die Blätter der Rosette sind roh oder gekocht ein Genuss. Bevor der Stängel austreibt, sind auch die Wurzeln genießbar (sie schmecken überraschenderweise nach Radieschen!). In Japan ist das Hirtentäschelkraut eine der Pflanzen, mit denen am 7. Januar beim »Fest der sieben Kräuter« das traditionelle *nanakusa-gayu* zubereitet wird.

Acker-Gauchheil

Gewöhnliche Vogelmiere
Stellaria media

10 bis 50 cm — Blütezeit
NELKENGEWÄCHSE — J F **M A M J J A S O** N D

Erscheinungsbild Die Gewöhnliche Vogelmiere ist eine kleine, einjährige Pflanze mit eiförmigen, ganzrandigen und am oberen Ende spitzen Laubblättern, die gegenständig angeordnet sind. Die langen, niederliegenden Stängel bilden kleine Rasenteppiche aus. Die weißen Blütenstände besitzen fünf zweispaltige Kronblätter, sodass der Eindruck von zehn Kronblättern entsteht. An den Blüten ist die Gewöhnliche Vogelmiere sehr leicht zu erkennen. Ein charakteristisches Erkennungsmerkmal der Gewöhnlichen Vogelmiere ist die Haarlinie am Stängel, die von Internodium zu Internodium die Seiten wechselt.

Verbreitungsgebiet und Standort Die Vogelmiere wächst in Gärten, auf Wiesen und Weiden, in Wäldern, auf unbewirtschafteten Flächen, an Wegrändern usw. und bevorzugt nährstoffreiche und feuchte Böden in den gemäßigten Zonen.

In der Küche Die Vogelmiere enthält große Mengen an Mineralstoffen und Vitamin C. Die gesamte Pflanze ist äußerst wohlschmeckend und eignet sich vor allem roh als Salatzutat.

Auf den Wiesen

Weiße Lichtnelke
Silene latifolia

NELKENGEWÄCHSE 50 bis 100 cm  Blütezeit J F M A **M J J** A S O N D

Erscheinungsbild Die Blätter dieser behaarten und verzweigten Pflanze stehen gegenständig, sind oval und leicht gewellt. Der Ansatz der Blattpaare ist verdickt. Die duftenden Blüten sind weiß, selten rosa, und öffnen sich am Abend. Die Pflanze hat fünf zusammengewachsene, verdickte Kelchblätter, fünf gekerbte Blütenblätter, zehn Staubblätter und fünf Griffel.

Verbreitungsgebiet und Standort Die Weiße Lichtnelke ist weitverbreitet. Sie wächst im direkten Sonnenlicht auf eher trockenen und bearbeiteten Böden, wie etwa auf Wegen, an Ackerrändern, neben Hecken und auf Brachen.

Verwechslungsgefahr Die Weiße Lichtnelke gehört zu den Nelkengewächsen, so wie die Nelke und die Sternmiere. Sie ist leicht mit dem Taubenkropf-Leinkraut zu verwechseln, das jedoch nur drei Griffel und stark verdickte Kelchblätter hat, sowie mit der Roten Lichtnelke, deren Blüten von kräftigem Rot sind, nicht duften und tagsüber offen stehen.

Spitzwegerich
Plantago lanceolata

WEGERICH-GEWÄCHSE 10 bis 60 cm    Blütezeit J F M A **M J J** A S O N D

Erscheinungsbild Die Blätter sind schmal und lanzettförmig und bilden eine Rosette. Sie haben drei bis fünf Blattadern, die fast parallel verlaufen. Der Stängel ist gerillt, leicht behaart und endet in einer eiförmigen Ähre aus winzigen Blüten. Der diskrete Charme dieser Blüten mit ihrem länglichen Geflecht aus weißen Staubblättern ist nicht leicht zu erkennen.

Verbreitungsgebiet und Standort Der Spitzwegerich ist weitverbreitet. Er wächst an sonnigen Standorten, auf Rasenflächen und Wiesen, an Wegrändern, am Waldrand und auf Brachen.

Verwechslungsgefahr Andere verbreitete Arten sind der Breitwegerich, der einen kürzeren Stängel und breitere, weichere Blätter hat, sowie der Mittlere Wegerich, der nur eine Ähre hat.

Verwendung als Heilpflanze Als Tee oder als Umschlag, vor allem gegen Husten. Bei einem Insektenstich oder einer Verbrennung durch Brennnesseln hilft es, frische Blätter direkt auf der Wunde zu verreiben.

Portulak
Portulaca oleracea

PORTULAK-GEWÄCHSE 20 bis 40 cm   Blütezeit J F M A M **J J A** S O N D

Erscheinungsbild Der Portulak ist eine einjährige, sukkulente Pflanze mit verzweigten, niederliegenden, rötlichen Stängeln. Die kleinen, spatelförmigen Laubblätter werden nach vorne hin breiter und sind an der Basis gegenständig, nach oben hin wechselständig angeordnet. Die zusammenstehenden Blüten sind blassgelb, die daraus entstehenden kleinen, kugeligen Früchte enthalten schwarze Samen. Verwechslungen sind nicht möglich.

Verbreitungsgebiet und Standort Äcker, Gärten oder unbewirtschaftete Flächen fast überall.

In der Küche Der Portulak ist reich an Vitaminen sowie an Eisen und Schleimstoffen. Außerdem enthält er mehrfach ungesättigte Omega-3-Fettsäuren, die wir für unsere Zellen brauchen. Die gesamte Pflanze ist essbar und eignet sich hervorragend für die Zubereitung zarter und saftiger Salate, weshalb sie im Mittelmeerraum seit jeher geschätzt wird. Portulak kann jedoch auch als Gemüse gegart oder als Zutat für Tartes, Omeletts oder Eintöpfe verwendet werden; in letzteren kann er dank seiner Schleimstoffe auch zum Andicken dienen.

Rainfarn
Tanacetum vulgare

KORBBLÜTLER 60 bis 120 cm    Blütezeit J F M A M **J J A** S O N D

Erscheinungsbild Der Rainfarn ist eine hübsche, ausdauernde Pflanze, die stark riechende ätherische Öle enthält und wegen ihres Dufts kaum verwechselt werden kann. Charakteristisch sind die in zahlreiche Abschnitte gefiederten, stark eingeschnittenen Laubblätter des Rainfarns. An der Spitze des Stängels stehen große gelbe Blütenköpfe in Schirmtrauben, die aus winzigen goldgelben Röhrenblüten bestehen.

Verbreitungsgebiet und Standort Wegränder, Brachen, Schutt und Bahndämme in den meisten gemäßigten Zonen.

In der Küche Aufgrund seines hohen Gehalts an Thujon, das in den ätherischen Ölen enthalten ist, sollte der Rainfarn von Schwangeren gemieden werden. Das kräftige Aroma der Rainfarnblätter passt hervorragend zu Schokolade, weshalb diese sich – fein gehackt – zur Verfeinerung von Moussen, Kuchen oder Keksen eignen. Der Rainfarn war im viktorianischen England als Zutat für Omeletts und Pfannkuchen sehr beliebt. Die Blätter können zur Herstellung von Likören verwendet werden und sind eine obligatorische Zutat des berühmten Kartäuserlikörs (Chartreuse).

Gemeiner Hornklee
Lotus corniculatus

HÜLSENFRÜCHTLER — 10 bis 40 cm — Blütezeit: J F M A **M J J A S** O N D

Erscheinungsbild Niedrige, bodennahe Pflanze. Die Blätter bestehen aus je drei ovalen Blättchen. Die Blüten sind gelb oder orange, stehen in Gruppen von drei bis sechs und haben eine charakteristische Form. Das obere Blütenblatt bildet die Fahne, die beiden seitlichen (die Flügel) liegen aneinander an und bedecken die beiden unteren, die miteinander verwachsen sind (das Schiffchen). Die Früchte sind leicht gebogene Schoten.

Verbreitungsgebiet und Standort Rasenflächen, Waldränder und Brachflächen, bevorzugt auf sonnigen, kalkhaltigen Böden.

Nahe Verwandte Vom wilden Hornklee gibt es über zwanzig Arten. An der Blütenform sind sie leicht als Hülsenfrüchtler zu erkennen, so wie Erbsen, Bohnen, Wicken und Klee.

Wissenswertes Wie viele andere Arten aus dieser Familie bindet der Hornklee Stickstoff in der Erde. Dies geschieht durch Bakterien, die in seinen Wurzeln mit ihm in Symbiose leben. Er wird auch als Futterpflanze angebaut.

Echtes Johanniskraut
Hypericum perforatum

HARTHEUGEWÄCHSE — 20 bis 80 cm — Blütezeit: J F M A M **J J A** S O N D

Erscheinungsbild Der zweikantige Stängel wächst aufrecht und trägt gegenständige, ovale Blätter. Im Gegenlicht betrachtet, wirken die Blätter durchlöchert. Bei diesen »Löchern« handelt es sich jedoch um durchscheinende Öldrüsen. Die großen Blüten haben fünf gelbe Blütenblätter, die am Rand schwarze Punkte tragen, drei Bündel von Staubblättern und drei Griffel.

Verbreitungsgebiet und Standort Das Johanniskraut ist weitverbreitet. Es wächst auf Wegen und Böschungen, auf Brachflächen und an Waldrändern sowie auf Lichtungen, bevorzugt auf kalkhaltigen Böden und an sonnigen Standorten.

Verwendung als Heilpflanze Aus den Blüten kann ätherisches Öl hergestellt werden. Johanniskraut wirkt nachweislich antidepressiv, wird aber ebenso zur Behandlung von Verbrennungen, Prellungen und Warzen verwendet. Es kann lichtempfindliche Reaktionen auslösen und mindert die Wirkung zahlreicher Medikamente; vermeiden Sie daher jede Form der Selbstmedikation.

Löwenzahn
Taraxacum officinale

KORBBLÜTLER — 50 bis 100 cm — Blütezeit: J F M A M J **J A S** O N D

Erscheinungsbild Löwenzahn bildet eine Pfahlwurzel. Der Stängel ist hohl und enthält einen weißlichen Milchsaft. Die Blätter sind stark gekerbt und gezackt und bilden eine Rosette. Es gibt nur eine gelbe »Blüte«; diese ist jedoch zusammengesetzt, jedes »Blütenblatt« stellt eine Einzelblüte dar. Die gefiederten Früchte bilden einen Strauß, den man wegpusten kann.

Verbreitungsgebiet und Standort Auf Rasenflächen, Wiesen, nicht bewirtschafteten Flächen und in Gemüsegärten.

Nahe Verwandte Löwenzahn hat innerhalb der Korbblütler mehrere verwandte Arten. Sie zu bestimmen, ist oft knifflig. Löwenzahn wird leicht mit dem Kleinen Habichtskraut verwechselt, das behaart ist und dessen Blattunterseiten weißlich sind, oder mit Ferkelkraut, Gänsedistel, Pippau und den Habichtskräutern.

Wissenswertes Sämtliche Teile der Pflanze sind genießbar: die Blätter als Salat, die Blüten als Sirup oder Likör. Löwenzahn hat viele heilende Eigenschaften und wirkt diuretisch.

Acker-Senf
Sinapis arvensis

KREUZBLÜTLER — 30 bis 80 cm — Blütezeit: J F M A **M J J A S** O N D

Erscheinungsbild Die unteren Blätter stehen wechselständig, sind zusammengesetzt und gelappt; die oberen sind einfach, ungestielt und gezackt. Die Blüten haben vier kreuzförmig angeordnete Blütenblätter und stehen in einer Traube. Sie bilden kleine, glatte, bräunliche Samen. Wird leicht mit anderen Kreuzblütlern verwechselt wie etwa dem Schwarzen Senf.

Verbreitungsgebiet und Standort Auf bewirtschafteten Flächen und an Wegrändern; in Europa, Afrika und Asien.

Verwendung als Heilpflanze Wirkt verdauungsfördernd und stimulierend (bewirkt zeitweiligen Blutandrang). Die gemahlenen Samen werden traditionell als Umschlag verwendet und sind sehr hilfreich gegen Schnupfen und Bronchitis. Als Sud wirken sie gegen hepatische Wassersucht (unnatürliche Flüssigkeitsansammlung in der Leber). Überdosierung kann Hautirritationen verursachen oder abführend wirken. In der Apotheke sind gebrauchsfertige Senfpflaster erhältlich.

Gemeiner Hornklee

»durchlöchertes« Blatt

Echtes Johanniskraut

Löwenzahn

Kleines Habichtskraut

Acker-Senf

Auf den Wiesen

Wiesenskabiose
Knautia arvensis

KARDEN-GEWÄCHSE | 20 bis 80 cm | A | Blütezeit: J F M A **M J J A** S O N D

Erscheinungsbild Die Wiesenskabiose ist grau-grün und behaart. Die unteren Blätter bilden eine Rosette, die oberen stehen gegenständig; alle sind mehr oder weniger gelappt. Der Stängel trägt mehrere Blüten und verzweigt sich in zwei seitliche und einen mittleren Stängel mit zwei Blättern am Ansatz. Die lilafarbene »Blüte« ist ein Bündel zahlreicher Einzelblüten.

Verbreitungsgebiet und Standort Auf Mähwiesen, Brachen, Böschungen und an Waldrändern, bevorzugt an sonnigen Orten und auf trockenen, kalkhaltigen Böden.

Nahe Verwandte Die Wiesenskabiose ist eng mit der Wilden Karde verwandt. Trotz ihrer zusammengesetzten Blätter zählen sie nicht zu den Korbblütlern, da sie nur vier Staubblätter haben.

Wissenswertes Wie die Karde produziert sie Nektar und wird von Bienen angeflogen. Im Garten kann sie zur Dekoration verwendet werden.

Wiesenklee
Trifolium pratense

HÜLSENFRÜCHTLER | 5 bis 50 cm | A | Blütezeit: J F M A **M J J** A S O N D

Erscheinungsbild Behaarte, aufrecht wachsende Pflanze. Die Blätter bestehen aus drei ovalen Blättchen, sind grün und tragen oft einen hellen Fleck. Die rosafarbenen Blüten bilden große, kugelförmige Blütenstände. Jede Blüte hat fünf Blütenblätter: ein großes oberes (Fahne), zwei seitliche (Flügel) und zwei zusammengewachsene in der Mitte (Schiffchen).

Verbreitungsgebiet und Standort An einer Vielzahl von Orten: auf Wiesen, Feldern, Rasenflächen und Wegen.

Nahe Verwandte Es gibt rund sechzig Arten von Klee, am bekanntesten ist der Weißklee. Klee gehört zu den Hülsenfrüchtlern, so wie Erbsen, Bohnen, Wicken und Hornklee.

Wissenswertes Wie viele Hülsenfrüchtler gibt auch der Wiesenklee Stickstoff in den Boden ab. Zahlreiche Unterarten werden als Futterpflanzen angebaut. Die Blüten können in den Salat oder in Nachspeisen gegeben werden.

Weißklee

Acker-Winde

Convolvulus arvensis

WINDENGEWÄCHSE | 20 bis 100 cm  A | Blütezeit J F M A **M J J A** S O N D

Erscheinungsbild Schlanke Pflanze, die aufrecht wächst oder kriecht und dabei Halt sucht. Die Blätter haben die Form einer Speerspitze und unten zwei abgerundete Spitzen. Die trichterförmigen, weiß-rosa Blüten bestehen aus fünf Blütenblättern, fünf Staubblättern und einem Griffel, der oben gekerbt ist.

Verbreitungsgebiet und Standort Weitverbreitet, wächst die Acker-Winde auf bearbeiteten Böden: in Gemüsegärten, auf Pflanzungen, bei Hecken und auf Wegen. Oft wird sie als lästiges Unkraut angesehen.

Verwechslungsgefahr Wird leicht mit der Echten Zaunwinde verwechselt, die ebenfalls weitverbreitet ist, aber größere Blätter und Blüten hat und auf feuchten Böden wächst.

Wissenswertes Die Prunkwinden sind eine verwandte Gattung, die vor allem in den Tropen vorkommt. Ihre Blüten ähneln jenen der Winden und werden oft als Schmuck verwendet.

Klatschmohn

Papaver rhoeas

MOHN-GEWÄCHSE | 20 bis 60 cm   E | Blütezeit J F M A M **J J A** S O N D

Erscheinungsbild Im Februar erscheint die dichte Rosette des Klatschmohns aus eingeschnittenen, behaarten Laubblättern mit gesägten Rändern. Besser bekannt sind die Blüten dieser einjährigen Pflanze mit ihren leuchtend roten Kronblättern und dem auffälligen schwarzen Fleck in der Mitte. Die Früchte sind längliche, kugelförmige Kapseln und enthalten bräunliche Samen. Verwechslungen mit Mohn-Arten wie Bastardmohn *(Papaver hybridum)*, Saatmohn *(Papaver dubium)* oder Sandmohn *(Papaver argemone)* sind möglich, aber ungefährlich.

Verbreitungsgebiet und Standort Gärten und Felder. Der ursprünglich aus Asien stammende Klatschmohn ist in vielen gemäßigten Zonen eingebürgert.

Verwendung als Heilpflanze Klatschmohn wirkt beruhigend und wird als Mittel gegen Husten geschätzt. Er wirkt leicht sedierend und hilft gegen Schlafstörungen. Die getrockneten Blütenblätter verwendet man für Tee, den man trinkt oder bei Augenentzündungen als Umschlag aufbringt. Als Sirup beruhigen sie den Hals. Klatschmohn enthält Alkaloide, die in hohen Dosen giftig sind. Nur nach Rücksprache mit einem Fachmann verwenden.

Auf den Wiesen

Das Leben in der Erde

Das Laub und die anderen Pflanzenabfälle, die den Boden bedecken, wirken zwar leblos, doch in Wahrheit ist der Erdboden ein riesiger Recyclinghof, der schon zusammen mit dem Leben auf der Erde entstanden ist. Unter unseren Füßen sind Tausende kleinster Lebewesen zugange; sie durchwühlen, kneten, fressen und verwandeln die unterschiedlichsten Materialien und erschaffen so den Erdboden, diese dünne Schicht, die unseren Planeten umhüllt und aus der die Pflanzen die Nährstoffe beziehen, die sie für ihr Wachstum brauchen.

Der Recyclinghof der Natur

In der Schicht aus Pflanzenabfällen, die den Boden bedeckt, zerlegen unendlich viele kleine Tiere fortwährend das vorhandene Material in immer kleinere Teile und produzieren dabei eine gewaltige Menge Exkremente, die sie in ihrem Lebensraum verteilen. Zu diesen Tierchen gehören etwa Tausendfüßler, Springschwänze (1), Schnecken (2) und Asseln (3). Die Bakterien, die sich im Boden, in den Wurzeln der Pflanzen und in den Verdauungsorganen dieser Tiere befinden, vollenden die begonnene Arbeit und sorgen dafür, dass die Stoffe von den Pflanzen aufgenommen werden können. Neben den Lebewesen, die totes Pflanzenmaterial zerlegen, gibt es auch Organismen, die Kadaver verzehren, und solche, die die Exkremente anderer Tiere verdauen. Zu ihnen gehören Fliegen, Käfer und Mistkäfer (4). Andere Arten, wie etwa Pilze oder die Larven bestimmter Insekten (5), zersetzen Holz, indem sie es aushöhlen und dabei Holzmehl produzieren. Der fruchtbare Boden, den all diese Organismen durch ihre Arbeit hervorbringen, ist also nichts anderes als die Gesamtheit ihrer Ausscheidungen, das Endprodukt eines Recyclingkreislaufs.

Der Erdboden – ein Mischtrog

Doch nicht nur die zersetzenden Organismen tragen dazu bei, dass der Erdboden fruchtbar ist, sondern auch andere Tiere, wie etwa Maulwürfe (5), Wühlmäuse (6), Regenwürmer (7) und Larven. Sie graben Gänge und legen Baue an, und dadurch wird der Boden durchlüftet, seine Bestandteile vermischen sich, er wird bewässert, und nicht zuletzt entsteht auf diese Weise Raum für die Wurzeln der Pflanzen.

Wissenswertes

Pilze bilden im Erdboden mit ihren Fäden ausgedehnte Netze. Diese sind mit den Wurzeln der Pflanzen verbunden, spenden ihnen Wasser und Nährstoffe und erhalten im Gegenzug Zucker. Die Pflanzen nutzen dieses Netz auch, um miteinander zu kommunizieren. Die Gesamtlänge eines solchen Netzes kann in nur einem Quadratmeter Boden 10 000 Kilometer betragen!

Das Leben im Boden ist unersetzlich

Das Leben im Boden ist für unseren Planeten unersetzlich. Die zersetzenden Organismen produzieren die Erde und die Nährstoffe, die die Pflanzen für ihr Wachstum brauchen, und diese bilden wiederum die Nahrung für Pflanzenfresser und indirekt auch für Fleischfresser.

Leider ist der Erdboden sehr empfindlich. Es kann Hunderttausende Jahre dauern, bis er sich gebildet hat, doch zerstören kann man ihn in wenigen Sekunden: Er wird von der Industrie und von Pestiziden vergiftet, von Beton vernichtet und von Traktoren plattgedrückt, wodurch er keine Luft und kein Wasser mehr aufnehmen kann. Daher müssen wir alle dazu beitragen, ihn zu erhalten.

Ein paar Zahlen

In der Erde unterhalb einer Fläche, die so groß wie ein Fußballfeld ist, können die Organismen pro Jahr bis zu 25 Tonnen Material wiederverwerten. 10 Gramm hochwertiger Erde enthalten so viele Bakterien, wie es Menschen auf der Erde gibt, und unter einem Quadratmeter Erde findet man bis zu 1000 Regenwürmer!

Goldglänzender Rosenkäfer
Cetonia aurata

KÄFER 15 bis 30 mm Flugperiode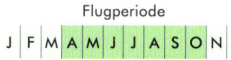

Erscheinungsbild Die Unterfamilie der Rosenkäfer weist ein äußerst breites Farbspektrum auf (Bronzegrüner Rosenkäfer, Kupfer-Rosenkäfer etc.). Der Goldglänzende Rosenkäfer ist metallisch grün; die Deckflügel tragen längliche weiße Flecken.

Lebensraum Die Art ist weit verbreitet, man findet sie auf Feldern und in Gärten, auf Blumenwiesen und in anderen Umgebungen.

Lebensweise Mit den ersten sonnigen Tagen des Jahres kommt auch der Goldglänzende Rosenkäfer zum Vorschein. Er ernährt sich von Pollen und ist vor allem an Straßenrändern und auf Wiesen anzutreffen; besonders leicht entdeckt man ihn auf den weißen Dolden der Wilden Möhre und anderer Doldenblütler. Auch an Waldrändern hält er sich gern auf, wo die Blüten von Heckenrose, Hagedorn und Holunder locken. Die Larven ernähren sich von verwesendem organischem Material und suchen sich daher ihren Platz oft in Komposthaufen. Sie sind wenig ansehnlich, stellen aber keine Gefahr für die Wurzeln der Pflanzen dar.

Gottesanbeterin
Mantis religiosa

FANG-SCHRECKEN  50 mm (Männchen) 75 mm (Weibchen) Flugperiode

Erscheinungsbild Die Gottesanbeterin ist meist grün, manchmal braun. Ihr Körperbau und ihre Vorderbeine, die zu Fangbeinen entwickelt sind, machen sie unverwechselbar. Die Weibchen sind größer und kräftiger als die Männchen.

Lebensraum Grasbewachsene, sonnige Flächen.

Lebensweise Entgegen anderslautender Meinungen ist die Gottesanbeterin für den Menschen ungefährlich. Über Fliegen, Spinnen und andere wirbellose Tiere dagegen macht sich dieses räuberische Insekt blitzschnell und mit größter Geschicklichkeit her. Manchmal frisst das Weibchen das Männchen nach der Paarung. Diese erfolgt im September und Oktober. Ein Gelege (Oothek) enthält 200 bis 300 Eier, aus denen im folgenden Jahr die Larven schlüpfen.

Wissenswertes Ihren Namen verdankt die Gottesanbeterin der typischen Haltung ihrer Vorderbeine, die an betende Hände erinnern.

Siebenpunkt-Marienkäfer
Coccinella septempunctata

KÄFER 5 bis 10 mm Flugperiode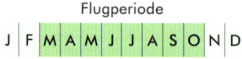

Erscheinungsbild Die rötlichen Deckflügel über dem stark gewölbten Hinterleib tragen jeweils drei schwarze Punkte. Der siebte Punkt erstreckt sich direkt hinter dem Thorax über beide Deckflügel.

Lebensraum Alle Arten von Umgebungen: in der Stadt, in Parks und Gärten, auf Blumenwiesen, in Büschen etc.

Lebensweise Der Siebenpunkt-Marienkäfer gilt als Glücksbringer! Er ist die bekannteste und am weitesten verbreitete Art aus der Familie der Marienkäfer. Wie die meisten seiner Verwandten ernährt er sich während des gesamten Lebenszyklus von anderen Insekten. Seine kleinen gelblichen Eier legt er in Haufen auf der Unterseite von Blättern ab, manchmal mitten in den Kolonien von Blattläusen, an denen sich die hungrigen Larven mit Vorliebe gütlich tun.

Wissenswertes Lassen Sie in Ihrem Garten trockenes Laub, kleine Zweige und andere Pflanzenreste auf dem Boden liegen. In deren Schutz können Marienkäfer überwintern.

Grünes Heupferd
Tettigonia viridissima

HEUSCHRECKEN 28 bis 42 mm Flugperiode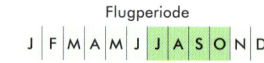

Erscheinungsbild Die Grundfarbe des Körpers ist grün, nur ein brauner Streifen verläuft vom Kopf zu den Enden der Flügel. Diese sind, ebenso wie die Fühler, deutlich länger als der Hinterleib. Die Weibchen sind größer als die Männchen und verfügen über ein langgestrecktes Organ, den Ovipositor, das zur Eiablage dient.

Lebensraum Das Grüne Heupferd findet sich unter anderem auf Brachflächen, in Gärten, an Waldrändern und in Stadtgebieten.

Lebensweise Diese weit verbreitete Heuschreckenart ist sehr genügsam. Sie kommt in allen Landschaftsformen vor; wegen des Einsatzes von Chemikalien, intensiver Gartenpflege und ausgedehnter Landwirtschaft gehen die Bestände jedoch zurück. Das Grüne Heupferd ernährt sich von allen Arten von Insekten und verzehrt auch Raupen und Larven, vor allem die der Kartoffelkäfer. Es legt seine Eier direkt in die Erde; im folgenden Frühjahr kommen dann die Jungtiere zur Welt und sind Anfang des Sommers ausgewachsen.

Goldglänzender Rosenkäfer

Gottesanbeterin

Sieben-Punkt Marienkäfer

Weibchen

Ovipositor

Grünes Heupferdchen

Larve

Auf den Wiesen

Hainschwebfliege
Episyrphus balteatus

ZWEIFLÜGLER  7 bis 10 mm   Flugperiode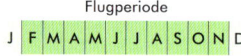

Erscheinungsbild An den Kopf mit seinen großen roten Augen schließt sich der graue Thorax mit vier schwarzen Längslinien an. Der gelb-orangefarbene Hinterleib trägt drei charakteristisch geformte Streifen. Bei den Männchen sind die Augen oben zusammengewachsen.

Lebensraum Die Hainschwebfliege ist in allen Landschaftsformen zu finden.

Lebensweise Weil sich die ausgewachsenen Tiere vom Nektar zahlreicher Pflanzenarten ernähren (Korbblütler, Doldenblütler etc.), spielen sie eine wichtige Rolle bei der Pflanzenbestäubung. Wie die meisten Schwebfliegen betreibt auch die Hainschwebfliege Mimikry, d. h. sie ahmt die äußere Gestalt von Bienen bzw. Wespen nach, um Feinde abzuschrecken. Die Larven sind weiße Maden, die mit Vorliebe Blattläuse fressen – willkommene Helfer in allen Gärten!

Wissenswertes Diese kleine Schwebfliege besitzt außerordentliche Flugkünste und kann sehr weite Strecken zurücklegen. Daher ist sie fast überall auf der Welt anzutreffen.

Honigbiene
Apis mellifera

HAUTFLÜGLER 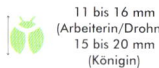 11 bis 16 mm (Arbeiterin/Drohne) 15 bis 20 mm (Königin)   Flugperiode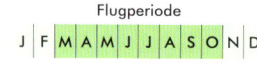

Erscheinungsbild Die Honigbiene ist bräunlich-schwarz, am Thorax rötlich behaart und am Hinterleib rötlich gestreift. Die Hinterbeine haben jeweils ein stark verbreitertes Glied, das zum Sammeln von Pollen dient.

Lebensraum Überall dort, wo viele Blütenpflanzen wachsen.

Lebensweise Schon seit Langem züchtet der Mensch Honigbienen und nutzt die Erträge der Bienenstöcke. Ein Bienenstaat kann auf bis zu 80 000 Tiere anwachsen, bevor sich die alte Königin mit der Hälfte des Staates ein neues Nest sucht und eine junge Königin ihren Platz einnimmt. Im Winter ernährt sich der ganze Staat von dem Honig, den die Arbeiterinnen gesammelt haben. Die Larven erhalten darüber hinaus Pollen; solche Larven, die zu Königinnen werden, bekommen ausschließlich das sogenannte Gelée royale, den Königinnenfuttersaft.

Dunkle Erdhummel
Bombus terrestris

HAUTFLÜGLER  12 bis 16 mm (Arbeiterin/Drohne) 20 bis 23 mm (Königin)   Flugperiode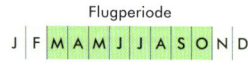

Erscheinungsbild Die Exemplare dieser Hummelart sind gedrungen und behaart. Am Thorax sowie am Hinterleib befindet sich jeweils am Ansatz ein gelber Streifen. Das Ende des Hinterleibs ist weiß. Von der Hellen Erdhummel *(Bombus lucorum)* ist sie nur schwer zu unterscheiden; sie ist jedoch häufiger als diese.

Lebensraum Man findet sie in ganz Europa auf Wiesen und in lichten Wäldern, aber auch in Städten.

Lebensweise Die Dunkle Erdhummel gehört in unseren Breiten zu den wichtigsten Bestäubern. Sie ist äußerst vielseitig und fliegt die Blüten von über 300 Pflanzenarten an. Sie bildet Staaten, deren Nester zu Frühlingsbeginn von den jungen Königinnen angelegt werden. Diese Nester liegen oft in Erdhöhlen oder in verlassenen Bauten kleiner Säugetiere. Die zweite Generation des Jahres kommt im Herbst zur Welt und überwintert. Dabei überleben nur die befruchteten zukünftigen Königinnen, die im darauffolgenden Frühjahr neue Staaten gründen.

Blaue Holzbiene
Xylocopa violacea

HAUTFLÜGLER 25 bis 30 mm   Flugperiode

Erscheinungsbild Die Blaue Holzbiene ist ein wuchtiges Insekt, das im Flug hörbar brummt. Körper und Flügel sind durchgehend schwarz und schimmern bläulich.

Lebensraum Die Blaue Holzbiene ist auf Lichtungen und an Waldrändern anzutreffen – dort vor allem an sonnigen Stellen –, aber auch im Stadtraum.

Lebensweise Wegen ihrer stattlichen Erscheinung wird die Holzbiene, einer der größten Hautflügler, oft für eine Hummel gehalten. Ihre Nester sind von komplexer Struktur und finden sich in toten Bäumen, manchmal auch in Holundersträuchern oder im Schilfgras, selten auch in verrottenden Balken. Beim Nestbau gräbt die Holzbiene mit ihren kräftigen Mundwerkzeugen einen Gang ins Holz, der sich an mehreren Stellen zu Nischen erweitert. Nach der Paarung im Mai legt das Weibchen in jede dieser Nischen ein Ei. Die Larven schlüpfen gegen Jahresende und überwintern bis zum nächsten Frühling in Baumhöhlen oder toten Baumstämmen.

Die Jahreszeiten

Frühling, Sommer, Herbst, Winter – in unseren gemäßigten Breiten bestimmen die vier Jahreszeiten schon immer den Kreislauf des Lebens. Wer genau darauf achtet, wie sie das Geschehen in der Natur beeinflussen, wird feststellen, dass kein Tag dem anderen gleicht!

Der Ursprung der Jahreszeiten

Als unser Sonnensystem entstand, zog die noch junge Sonne unzählige Staubkörnchen nach sich, die sich mit der Zeit zusammenballten und so die Planeten bildeten. Während dieses Entstehungsprozesses kollidierten die noch jungen Planeten regelmäßig miteinander, wodurch sie ihre Formen und ihre Umlaufbahnen veränderten. Bei einer dieser Kollisionen kippte die Erde ein wenig zur Seite. Die Position im Verhältnis zur Sonne, die sie seitdem einnimmt, sorgt für die Entstehung der Jahreszeiten. Stünde die Erdachse parallel zur Rotationsachse der Sonne, würden überall auf der Erde während des ganzen Jahres dieselben Temperaturen herrschen. Es gäbe keine Temperaturschwankungen – und damit keine Jahreszeiten.

Kein Tag gleicht dem anderen

Der kürzeste Tag des Jahres ist die Wintersonnwende, der längste die Sommersonnwende. Zweimal im Jahr sind Tag und Nacht gleich lang: während der Tagundnachtgleichen im März und im September. In Europa, wo gemäßigtes Klima herrscht, markieren diese vier Daten die Anfangspunkte der Jahreszeiten. Mit den Sonnwenden beginnen Winter und Sommer, mit den Tagundnachtgleichen Herbst und Frühling.

In anderen Weltgegenden

In Regionen mit tropischem Klima sind die Temperaturunterschiede zwischen Sommer und Winter nicht so stark ausgeprägt, und man teilt das Jahr in nur zwei Jahreszeiten, die Trockenzeit und die Regenzeit. An den Polen dagegen geht die Sonne während der einen Jahreshälfte nicht unter (Polartag), und während der anderen Jahreshälfte steigt sie nie über den Horizont (Polarnacht).

Leben mit den Jahreszeiten

Im Rhythmus des Lebens auf der Erde spielen die Jahreszeiten eine wichtige Rolle.

Im Herbst bereiten sich zahlreiche Arten auf die kalte Jahreszeit vor. Manche Tiere gehen auf Wanderschaft und ziehen in wärmere Gegenden, andere dagegen bleiben, wo sie sind, und legen sich Fettreserven an oder sammeln Nahrungsvorräte, um sich auf das Überwintern vorzubereiten. Gräser, Blumen und krautige Pflanzen reduzieren allmählich ihren Stoffwechsel, und die Laubbäume legen Vorräte an, die im Frühling die Knospen versorgen.

Im Winter sind die Nächte kürzer als die Tage, die Temperaturen sinken, es regnet und schneit mehr. Die Pflanzen verfallen in Winterruhe. Einjährige Pflanzen sterben im Winter ab. Ausdauernde Pflanzen profitieren von der isolierenden Wirkung des Schnees, und belaubte Pflanzen gönnen ihren oberirdischen Teilen Ruhe.

Im Frühling erwacht die Natur. Es wird milder, der Schnee schmilzt, die Pflanzen knospen und blühen. Die Tiere erwachen aus dem Winterschlaf, und die Überwinterer kehren aus dem Süden zurück. In den Bäumen steigt der Saft wieder nach oben, und die Knospen öffnen sich und bringen junge Blätter von zartem Grün hervor.

Der Sommer ist die heißeste Jahreszeit und jene mit der stärksten Sonneneinstrahlung. Dann sind die Tage am längsten, und die Pflanzen tragen Früchte.

Tagpfauenauge
Aglais io

SCHMETTERLINGE  Flugperiode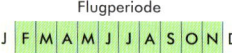

Erscheinungsbild Mit seinen typischen rundlichen Augenflecken auf leuchtend rotem Hintergrund, die an die Pracht von Pfauenfedern erinnern, bietet das Tagpfauenauge eine unverwechselbare Erscheinung. Weil die Unterseiten seiner Flügel dunkel sind, ist es auf Baumstämmen oder in trockenem Laub kaum zu erkennen.

Lebensraum Das Tagpfauenauge ist weit verbreitet. Es stellt kaum Ansprüche an seine Umwelt und ist an den verschiedensten Orten anzutreffen, etwa in Gärten, auf Wiesen, auf Brachflächen oder in Städten.

Lebensweise Das Tagpfauenauge ist oft zu beobachten, und weil die ausgewachsenen Tiere an geschützten Orten überwintern, bekommt man sie an milden, sonnigen Tagen sogar im Winter zu Gesicht. Im Frühling kommen sie wieder hervor; dann legen die Weibchen ihre Eier auf der Unterseite junger Brennnesseltriebe ab, der Wirtspflanze, von der sich die Raupen fast ausschließlich ernähren. In der ersten Entwicklungsphase leben die Raupen in Gemeinschaft, geschützt von einem Gespinst, das sie selbst anfertigen. Anschließend zerstreuen sie sich und werden zu Puppen.

Zitronenfalter
Gonepteryx rhamni

SCHMETTERLINGE  Flugperiode

Erscheinungsbild Die Männchen sind leuchtend gelb, die Weibchen blass-grünlich. Kennzeichnend für den Zitronenfalter sind die deutlich zugespitzten Flügel. Er ist leicht mit dem Kleopatrafalter zu verwechseln, dessen Flügel an der Oberseite jedoch orangefarben sind.

Lebensraum Der Zitronenfalter ist weit verbreitet; man findet ihn im Flachland, aber auch in Höhen von bis zu 2000 Metern.

Lebensweise Der Artname »rhamni« stammt von der Wirtspflanze des Zitronenfalters, den Kreuzdorngewächsen (Rhamnaceae). Insbesondere sind dies der Faulbaum und der Kreuzdorn. Die Raupen schlüpfen im Mai und verpuppen sich im Sommer. Die ausgewachsenen Tiere überwintern an geschützten Orten und kommen im März und April wieder zum Vorschein. Ein ganzes Jahr – kein anderer mitteleuropäischer Schmetterling lebt so lange!

Wissenswertes Zitronenfalter schützen sich durch ein bestimmtes Sekret gegen Kälte und überstehen dadurch sogar Minusgrade.

Schwalbenschwanz
Papilio machaon

SCHMETTERLINGE  Flugperiode April – Oktober (je nach Witterung)

Erscheinungsbild Die Vorderflügel zeigen eine schwarze Zeichnung auf blassgelbem Grund. Der Rand der Hinterflügel ist von einem nachtblauen Streifen gesäumt, der in einem roten Augenfleck endet. Von den Hinterflügeln stehen kurze Schwänze ab. Der Schwalbenschwanz ist leicht mit dem Segelfalter und dem Alexanor-Schwalbenschwanz zu verwechseln.

Lebensraum Er lebt in allen Landschaftsformen.

Lebensweise Der Schwalbenschwanz ist der Inbegriff der Tagfalter. Seine Farbgebung und seine Größe machen ihn zu einem stattlichen Vertreter seiner Ordnung. Jedes Jahr wachsen zwei Generationen heran (in südlichen Gefilden drei, in Bergregionen eine). Die zweite Generation kommt im Juli zum Vorschein. Zu seinen Wirtspflanzen gehören Doldenblütler wie Fenchel, Petersilie und Dill.

Wissenswertes Wenn sich die Raupe des Schwalbenschwanzes bedroht fühlt, stülpt sie ein orangefarbenes Organ aus, das Osmaterium, das ein übelriechendes Sekret verströmt.

Admiral
Vanessa atalanta

SCHMETTERLINGE  Flugperiode

Erscheinungsbild Die Oberseiten der Flügel sind fast ganz schwarz, die weißen Punkte und der danebenliegende rote Streifen sind von oben und unten zu sehen. Die Unterseiten der Hinterflügel sind bräunlich marmoriert, auf der Oberseite verläuft am hinteren Rand ein orangefarbener Streifen mit schwarzen Punkten.

Lebensraum Er ist sehr anpassungsfähig, vor allem aber auf Wiesen, in Parks und Gärten, in lichten Wäldern und Feuchtgebieten zu finden.

Lebensweise Der Admiral bringt pro Jahr zwei Generationen hervor, von denen in Mitteleuropa die erste im März und April zum Vorschein kommt. Er ist ein Wanderfalter. Die Raupen der zweiten Generation verpuppen sich im Herbst, die ausgewachsenen Tiere fliegen dann zurück nach Afrika oder überwintern in Europa.

Wissenswertes Bei seiner Wanderung legt der Admiral bis zu 4000 Kilometer zurück.

Auf den Wiesen

Hauhechel-Bläuling
Polyommatus icarus

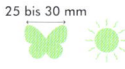 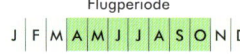

Erscheinungsbild Bei den Männchen sind die Oberseiten der Flügel von kräftigem Blau, bei den Weibchen braun mit orangefarbenen Rändern. Bei beiden zeigen die Unterseiten am Rand orangefarbene Punkte sowie in der Mitte zahlreiche schwarze, weiß umrandete Punkte auf grauem Grund.

Lebensraum Auf Wiesen, vor allem in trockenem und sonnigem Gelände.

Lebensweise Der Hauhechel-Bläuling ist ein weit verbreiteter, kleiner Schmetterling aus der Familie der Bläulinge. Diese besteht aus zahlreichen Arten, die sich alle sehr ähnlich sehen, in ihrer Lebensweise jedoch deutlich unterscheiden. Die Raupen wachsen auf Hülsenfrüchtlern wie etwa Hornklee, Luzerne oder Hauhechel, von deren Nektar sich auch die ausgewachsenen Tiere ernähren. Jedes Jahr entstehen zwei Generationen, unter günstigen klimatischen Bedingungen auch drei. Die Raupen überwintern bis zum darauffolgenden Frühling.

Roter Scheckenfalter
Melitaea didyma

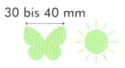 

Erscheinungsbild Bei den Männchen sind die Oberseiten der Flügel schwarz gerändert und tragen eine unregelmäßige schwarze Zeichnung auf hellorangem Grund, bei den Weibchen sind sie grau und matt. Die Unterseiten sind weiß und zeigen abwechselnd orangefarbene Streifen und Reihen schwarzer Punkte.

Lebensraum Auf Rasenflächen und Trockenwiesen, in warmen und sonnigen Regionen.

Lebensweise Der Rote Scheckenfalter bringt pro Jahr zwei bis drei Generationen hervor, in Bergregionen nur eine. Die Weibchen legen ihre Eier auf der Unterseite von Blättern ab. Der Rote Scheckenfalter hat mehrere Wirtspflanzen, darunter Wegerich, Ehrenpreis und Leinkraut. Die Raupen überwintern im niederen Gras und verpuppen sich im darauffolgenden Jahr.

Taubenschwänzchen
Macroglossum stellatarum

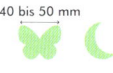 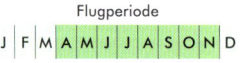

Erscheinungsbild Körper und Vorderflügel des Taubenschwänzchens sind grau mit dunklen Querstreifen, die Hinterflügel dagegen orangefarben.

Lebensraum Diese Art ist in jeder Umgebung zu finden, sowohl im Flachland als auch in Höhen von bis zu 2500 Metern.

Lebensweise Das Taubenschwänzchen wandert im Sommer von Nordafrika und Südeuropa nach Norden. Es hält sich gern in Gärten auf Blumen auf, die eine Krone (Corolla) bilden. Aus ihnen saugt es mithilfe seines langen Rüssels den Nektar. Je nach Region kommen jedes Jahr eine oder zwei Generationen zur Welt. Die Raupen leben auf Labkraut und Klette, manchmal auch auf der Sternmiere. Das Taubenschwänzchen ist zwar tagaktiv, gehört jedoch zu den Nachtfaltern.

Wissenswertes In den jeweiligen Regionen ihres Verbreitungsgebietes trägt die Art verschiedene Beinamen; unter anderem wird sie »Kolibrischwärmer« genannt – wegen ihres Schwirrflugs, der dem des Kolibris ähnelt.

Schlehen-Federgeistchen
Pterophorus pentadactyla

 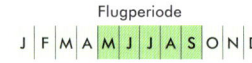

Erscheinungsbild Dieser Schmetterling ist gänzlich weiß. Seine gefiederten Flügel sind gelappt und liegen in Ruhestellung gefaltet übereinander, was ihm eine T-förmige Gestalt verleiht. An den Hinterbeinen befinden sich spornartige Auswüchse.

Lebensraum In jeder Art von offenem Gelände (Wiesen, Wegränder, Brachflächen, Waldränder etc.).

Lebensweise Bei seinem Anblick könnte man meinen, es handele sich um ein Wesen aus einer anderen Welt. Das Schlehen-Federgeistchen ist jedoch ein Schmetterling und entstammt einer Familie mit über 600 Arten. Es gehört zu den Nachtfaltern und wird mit Einbruch der Dunkelheit aktiv, lässt sich aber auch immer wieder tagsüber beobachten, bei der Rast auf einer Pflanze, am Wegrand oder auch in ländlichen Vorgärten. Zu den Wirtspflanzen der Raupen zählen die Zaunwinden und die Ackerwinden.

Auf den Wiesen

Kapitel 2
Am Wasser

Ein Nachmittag am Ufer eines Flusses, im Kreis von Freunden: Auf den Felsen sitzend kann man die Füße im Wasser baumeln lassen und dem Plätschern der Strömung zuhören, in den Ohren noch das Rauschen des Windes in den Trauerweiden, vor den Augen die Libellen und das Spiel des Lichtes auf dem Wasser, dann der Gesang der Vögel im Geäst der Bäume … Da wünscht man sich nur Eines: so wie die Bäume entlang des Flusses an diesem zauberhaften Ort Wurzeln zu schlagen, umgeben von Fröschen und Röhricht. Aber was ist das für ein blauer Vogel, der wie der Blitz über die Wasseroberfläche dahinsaust? Welche Pflanze überwuchert dort das Ufer? Und dieses Insekt dort auf dem Wasser, wie heißt das?

Wald-Engelwurz
Angelica sylvestris

DOLDENBLÜTLER

80 bis 200 cm · Blütezeit J F M A M J **J A S** O N D

Erscheinungsbild Bei der Wald-Engelwurz handelt es sich um eine mehrjährige, aromatische Pflanze, die beeindruckende Wuchshöhen erreichen kann. Ihre gestielten Blätter sind gefiedert, die Einzelblätter sind eiförmig und spitz zulaufend und haben gesägte Ränder. Der dicke Stängel ist hohl, glatt und häufig rötlich gefärbt. Die weißen oder zartrosafarbenen Blüten stehen in zahlreichen kugeligen Dolden zusammen. Die flachen Früchte weisen flügelförmige Ränder auf. Man kann die Wald-Engelwurz nicht mit giftigen Doldenblütlern verwechseln, deren stets fein fiederteilige Blätter an Petersilie erinnern.

Verbreitungsgebiet und Standort Ufer, Auenwälder, feuchte und schattige Standorte in Europa, Asien und Nordamerika.

In der Küche Die Wald-Engelwurz enthält ein kräftiges ätherisches Öl. Die jungen Stängel werden roh gegessen oder wie Spargel zubereitet. Kandiert sind sie ein leckeres Naschwerk, das schon in früheren Zeiten begehrt war und in Klöstern hergestellt wurde, wobei hier die Zuchtform der Arznei-Engelwurz *(Angelica archangelica)* zum Einsatz kam. Die pikanten Früchte dienen als Gewürz, und alle Teile der Pflanze lassen sich zu exzellenten Likören verarbeiten.

Brunnenkresse
Nasturtium officinale

KREUZBLÜTLER

10 bis 50 cm · Blütezeit J F M A **M J J A S** O N D

Erscheinungsbild Die Brunnenkresse ist eine ausdauernde Pflanze, die im Wasser wächst. Die dunkelgrünen Blätter sind aus fünf bis sieben Fiederblättchen zusammengesetzt, die im unteren Teil der Pflanze rundlich und zum oberen Ende des Stängels hin eiförmig bis lanzettlich sind, wobei das Endfiederblättchen größer ist als die anderen. Die weißen, vierzähligen Blüten stehen am oberen Ende des Stängels in traubigen Blütenständen zusammen. Sie werden zu kleinen, aufrechten Schoten.

Verbreitungsgebiet und Standort Klare und fließende Gewässer von Quellen, Brunnen und Bächen in Europa, Asien, Afrika und Amerika.

In der Küche Kresse enthält die Vitamine A und C, Eisen, Jod sowie scharfe ätherische Öle und Schwefelverbindungen, die bei übermäßigem Genuss roher Kresse Reizungen hervorrufen können. Um jedes Risiko eines Parasitenbefalls zu vermeiden, sollte die Brunnenkresse nur dann roh gegessen werden – zum Beispiel als Salat –, wenn die Wasserquelle sicher ist. Andernfalls empfiehlt es sich, die Kresse nur gegart zu verzehren, etwa in Suppen, Aufläufen, Tartes usw. Sie verliert dann zwar ihre Schärfe, behält aber dennoch einen intensiven Geschmack.

Echtes Mädesüß
Filipendula ulmaria

ROSENGEWÄCHSE

60 bis 120 cm · Blütezeit J F M A M **J J A** S O N D

Erscheinungsbild Beim Echten Mädesüß handelt es sich um eine große, ausdauernde Pflanze mit dickem, rötlich überlaufenem Stängel. Die gefiederten Laubblätter sind aus fünf bis sieben eiförmigen, gesägten und oben spitz zulaufenden Einzelblättern zusammengesetzt. Die wesentlich größere Endfieder weist ihrerseits drei Lappen auf. Die fünfzähligen, weißen Blüten verströmen einen starken Duft. Sie stehen in Scheindolden zusammen, die wie Federbüsche aussehen. Aus ihnen gehen als Früchte schraubig miteinander verdrillte Nüsschen hervor.

Verbreitungsgebiet und Standort Ufer und Feuchtwiesen in Europa und im westlichen Asien.

In der Küche Enthält Vitamine, Mineralstoffe und Methylsalicylat, das bei starker Dosierung Übelkeit hervorrufen kann. Beim Trocknen reichert sich im Echten Mädesüß Salicylsäure an, die zur Herstellung von Aspirin verwendet wird. Der Name dieses Medikaments leitet sich von der Pflanze ab, die auch als Spiere bezeichnet wird. Die süßen Blüten des Echten Mädesüß eignen sich wegen ihres Vanillegeschmacks zum Aromatisieren von Cremespeisen, Flans, Desserts und Getränken, ebenso die Blütenknospen. Blätter und Stängel werden vor der Blüte geerntet.

Echter Baldrian
Valeriana officinalis

GEISSBLATT-GEWÄCHSE

40 bis 120 cm · Blütezeit J F M A M **J J A** S O N D

Erscheinungsbild Ausdauernde Pflanze mit dickem, zylindrischem und hohlem Stängel, der in Längsrichtung gerillt ist. Die Blätter stehen gegenständig, verzweigen sich in zahlreiche ovale Lappen, die gezackt und mehr oder weniger spitz sind. Die Krone besteht aus einer kugelförmigen Schirmtraube aus weißen oder rosafarbenen Blüten, die oben auf dem Stängel sitzt. Das Wurzelgeflecht besteht aus zahlreichen weiß-gelblichen Strängen.

Verbreitungsgebiet und Standort In Europa und Westasien; auf Feuchtwiesen und in feuchten Waldgebieten, auf Uferböschungen und in Gräben.

Verwendung als Heilpflanze Baldrian wirkt beruhigend und angstlösend und hilft beim Einschlafen. Außerdem wirkt er schmerzlindernd und krampflösend und wird daher bei Muskelschmerzen und Krämpfen im Verdauungstrakt eingesetzt. Baldrian sollte nicht über einen längeren Zeitraum hinweg eingenommen werden. Epileptiker sollten ganz auf ihn verzichten. Die Dosierung sollte von einem Fachmann festgelegt werden. Man verwendet die Wurzel, am besten frisch, stellt aus ihr jedoch keinen Sud her, sondern Tee, um die aromatischen Inhaltsstoffe zu erhalten. Aber auch für Tinkturen ist sie geeignet.

Am Wasser

Rundblättrige Minze

Mentha suaveolens

Erscheinungsbild Diese Pflanze mit charakteristischem Duft hat ovale, gezackte Blätter mit runzliger Oberseite. Sie stehen gegenständig am quadratischen Stängel. Die Blüten bilden eine dichte Ähre. Sie sind weiß bis rosa und haben vier sichtbare Staubblätter.

Verbreitungsgebiet und Standort Sie ist weitverbreitet und wächst, wie alle Arten der Minze, auf sehr feuchten Böden, wie etwa auf Wiesen, in Gräben und an Ufern.

Nahe Verwandte Es gibt acht Arten wilder Minze. Wie viele Gewürzpflanzen (Thymian, Rosmarin, Lavendel, Basilikum etc.) sind sie Lippenblütler.

Wissenswertes Die ätherischen Öle der Rundblättrigen Minze wirken nachweislich antiseptisch und vernichten Insekten. Die frischen Blätter werden in der Küche gerne für Taboulé und Obstsalat oder in Cocktails verwendet.

Japanischer Stauden-Knöterich

Reynoutria japonica

Erscheinungsbild Beim Japanischen Stauden-Knöterich handelt es sich um eine hübsche, ausdauernde Pflanze mit langen Rhizomen, deren rötliche, dicke und hohle Stängel an Bambus erinnern. Die gestielten, breiten Blätter sind eiförmig, oben zugespitzt und weisen eine gestutzte Spreitenbasis auf. Die weißen Blüten wachsen in traubigen Blütenständen in den Blattachseln. Verwechslungen sind möglich mit dem ebenfalls essbaren Sachalin-Stauden-Knöterich *(Reynoutria sachalinensis)*.

Verbreitungsgebiet und Standort Ufer, Gräben, kühle und feuchte unbewirtschaftete Flächen. Der Japanische Stauden-Knöterich stammt ursprünglich aus Asien und ist heute in Europa und Amerika eingebürgert.

In der Küche Enthält Proteine, Vitamine und Mineralstoffe, aber auch Oxalate. Von einem täglichen Verzehr ist daher abzuraten. In Japan sind die jungen Triebe sehr beliebt. Ihr Geschmack ähnelt dem von Rhabarber, und als Gemüse gegart oder auf Tartes sind sie köstlich.

Schlangen-Knöterich
Bistorta officinalis

KNÖTERICH-GEWÄCHSE   30 bis 80 cm    Blütezeit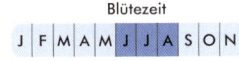

Erscheinungsbild Der Schlangen-Knöterich ist eine ausdauernde Pflanze, die oft in Kolonien wächst. Ihre großen Grundblätter sind von einer dicken Mittelrippe durchzogen. Sie sind eiförmig, länglich und spitz zulaufend und besitzen lange, zartrosa Blattstiele, während die Stängelblätter kurz und sitzend sind. Die rosa Blüten stehen in langen Ähren zusammen. Die dicken Rhizome sind innen blassrosa. Verwechslungen mit anderen Knöterich-Arten oder mit Ampfer sind möglich. Alle diese Pflanzen sind jedoch ungiftig.

Verbreitungsgebiet und Standort Feuchtwiesen in Höhenlagen und Niederungen in Europa, Asien und Nordamerika.

In der Küche Die Rhizome sind reich an Kohlenhydraten, Mineralstoffen, Antioxidantien und Proteinen. Die sehr nahrhaften Rhizome wurden traditionell in Alaska, Sibirien und Nordeuropa gegessen. Die jungen Blätter kann man als leckere Salatzutat verwenden. Ältere sollte man besser garen. Die Rhizome müssen mehrere Stunden gewässert und vor dem Verzehr gekocht werden.

Echter Beinwell
Symphytum officinale

KREUZBLÜTLER   15 bis 50 cm   Blütezeit

Erscheinungsbild Der Echte Beinwell ist eine hübsche, ausdauernde, behaarte Pflanze mit langen und breiten, eiförmigen und ganzrandigen Laubblättern, die eine auffällige Aderung besitzen und am oberen Ende spitz zulaufen. Der dicke Stängel ist aufrecht, und die Blütenschäfte tragen kleine rosafarbene, violette, gelbe oder weiße Glöckchen. Verwechslungen mit anderen Beinwell-Arten sind möglich, doch ungefährlich. Allerdings kann der Echte Beinwell auch mit dem hochgiftigen Roten Fingerhut *(Digitalis purpurea)* verwechselt werden; dessen Blätter sind an der Unterseite graufilzig behaart und fühlen sich weich an, während der Beinwell raue Blätter besitzt. Im Zweifelsfall sollte man die Blüte abwarten.

Verbreitungsgebiet und Standort Feuchtwiesen, Gräben und Ufer in Europa und Nordamerika.

In der Küche Der Echte Beinwell enthält Schleimstoffe, Proteine, Vitamine und Mineralstoffe, aber auch Alkaloide, die leberschädigend wirken können. Daher darf die Pflanze nicht über einen längeren Zeitraum hinweg konsumiert werden. Die Blätter lassen sich zum Andicken von Suppen verwenden oder zu einem wohlschmeckenden Gemüse verarbeiten.

Roter Fingerhut

Am Wasser

Gewöhnlicher Blutweiderich
Lythrum salicaria

WEIDERICH-GEWÄCHSE 50 bis 100 cm  Blütezeit

Erscheinungsbild Ausdauernde, aufrecht wachsende Pflanze mit quadratischem, behaartem Stängel. Die ungestielten Blätter wachsen gegenständig, sind oval bis lanzettförmig und haben eine hervortretende mittlere Blattader. Der Blütenstand bildet eine langgestreckte Ähre, die Blüten bestehen jeweils aus sechs schmalen, fuchsiaroten Blättern und sind quirlig am Stängel angeordnet.

Verbreitungsgebiet und Standort In Europa, Nordafrika und Westasien; an Ufern von Seen und Flüssen, auf Feuchtwiesen und in Gräben.

Verwendung als Heilpflanze Blutweiderich wirkt adstringierend und verleiht den Gewebezellen Spannkraft. Daher wird er in der Regel verwendet, um schwache Blutungen zu stillen und Ekzeme sowie variköse Geschwüre zu lindern. Außerdem hilft er gegen Durchfall und Darmerkrankungen wie etwa die Ruhr. Aus den getrockneten Blütenständen wird Tee zubereitet, der innerlich oder lokal in Form einer Kompresse angewendet wird. Auch alkoholisches Mazerat lässt sich aus Blutweiderich herstellen.

Großer Wiesenknopf
Sanguisorba officinalis

ROSEN-GEWÄCHSE 40 bis 100 cm   Blütezeit

Erscheinungsbild Die Wurzeln dieser ausdauernden Pflanze wachsen waagrecht, ihr Stängel ist verzweigt und trägt nur wenige Blatter. Die Grundblätter bilden eine Rosette; sie sind gezackt, haben sieben bis fünfzehn ovale, spitz zulaufende Lappen und sind offen oder an der mittleren Blattader leicht geknickt. Der Blütenstand ist eine eiförmige oder runde Ähre aus kleinen, dunkelroten oder purpurroten Blättern, die dicht beisammenstehen.

Verbreitungsgebiet und Standort In ganz Europa, im Mittelmeerraum jedoch nur selten, sowie im Westen und Norden Asiens; an Wasserläufen, auf Feuchtwiesen und Mooren.

Verwendung als Heilpflanze Der Wiesenknopf wirkt hauptsächlich adstringierend. Daher verwendet man ihn, um äußere Blutungen und Blutungen der Schleimhaut der Verdauungstrakte zu stillen, aber auch gegen Durchfall oder um den Kreislauf anzuregen, insbesondere bei Krampfadern. Aus den getrockneten Blättern und Blütenständen wird Tee zubereitet, den man trinkt oder mittels einer Kompresse auf Wunden, blaue Flecken oder Ekzeme aufbringt. Die Blätter junger Pflanzen kann man auch in den Salat geben.

Wiesen-Schaumkraut

Cardamine pratensis

KREUZBLÜTLER  30 bis 40 cm  Blütezeit J F **M A M J** J A S O N D

Erscheinungsbild Die Grundblätter bestehen aus fünf bis sieben Blättchen und bilden eine Rosette. Die oberen Blätter stehen wechselständig und bestehen aus sieben bis fünfzehn länglichen Blättchen. Die Blüten haben vier lilafarbene Blütenblätter, die ein Kreuz bilden. Sie stehen in einer lockeren Traube; wenn sie reif sind, bilden sie längliche, grüne Früchte.

Verbreitungsgebiet und Standort Weitverbreitet auf Feuchtwiesen, in Gräben, in Mooren und Wäldern.

Nahe Verwandte Das Wiesen-Schaumkraut gehört zur Familie der Kreuzblütler, so wie Senf, Knoblauchsrauke, Hirtentäschel, Rucola, Kohl, Radieschen und Rüben.

In der Küche Die Pflanze ist sehr reich an Vitamin C; die jungen Blätter werden im Salat verwendet.

Zottiges Weidenröschen

Epilobium hirsutum

NACHTKERZEN-GEWÄCHSE  10 bis 50 cm  Blütezeit J F M A M **J J A** S O N D

Erscheinungsbild Aufrechte, behaarte Pflanze. Die unteren Blätter stehen gegenständig, sind länglich und leicht gezackt. Die großen, rosa-purpurfarbenen Blüten bilden kleine Trauben mit Blättern; vier Blütenblätter, die in zwei Lappen gekerbt sind, stecken jeweils in einem röhrenförmigen Blatt.

Verbreitungsgebiet und Standort Diese weitverbreitete Pflanze wächst auf den sehr feuchten Böden von Uferböschungen, Wiesen, Waldrändern, Gräben und Pappelwäldern.

Verwechslungsgefahr Wird leicht mit dem Schmalblättrigen Weidenröschen verwechselt, das in Gebirgsregionen vorkommt, wechselständige und schmalere Blätter hat und oft nur eine große Traube von Blüten ohne Blätter bildet.

Am Wasser

Breitblättriger Rohrkolben
Typha latifolia

ROSENGEWÄCHSE

Erscheinungsbild Der Breitblättrige Rohrkolben ist eine Wasserpflanze mit langen, weißen Rhizomen. Seine langen, schmalen und dicken Laubblätter stehen dicht beieinander. Der kräftige Stängel trägt den zylindrischen, ährenförmigen Gesamtblütenstand, der aus einem männlichen Teilblütenstand mit grünlichen Blüten und einem weiblichen Teilblütenstand mit braunen Blüten besteht. Vor der Blüte kann der Breitblättrige Rohrkolben mit der giftigen Sumpf-Schwertlilie *(Iris pseudacorus)* verwechselt werden, deren Blätter allerdings kürzer und breiter sind und eine markante Mittelrippe aufweisen.

Verbreitungsgebiet und Standort Fließende oder stehende Gewässer und Gräben auf der ganzen Welt.

In der Küche Die Rhizome des Breitblättrigen Rohrkolbens enthalten Proteine und Kohlenhydrate, der Pollen ist reich an Vitaminen und Mineralstoffen. Das Innere der jungen Triebe, ob roh oder gegart, erinnert vom Geschmack her an Palmherzen. Die unteren Teile der Blätter und die weiblichen Blüten sind ebenfalls essbar. Das Innere der Rhizome kann sowohl roh als auch gekocht genossen oder auch getrocknet und zu Mehl gemahlen werden.

Gewöhnliche Goldrute
Solidago virgaurea

KORBBLÜTLER

Erscheinungsbild Ausdauernde Pflanze mit dickem, verzweigtem Stängel und langen, lanzettförmigen, gezackten Blättern. Die Blätter sind wechselständig, haben einen sehr kurzen Stiel und eine deutlich hervortretende mittlere Blattader. Weil sie in unterschiedliche Richtungen zeigen, wirkt die Pflanze wie eine kleine, dicht bewachsene Palme. Auffällig sind die langen Trauben aus kleinen Blüten mit ihren gelb leuchtenden Blättern, die von einer grünen, röhrenförmigen Blütenhülle umgeben sind.

Verbreitungsgebiet und Standort In Europa, Nordafrika und Asien; in Waldgebieten, auf feuchten Wiesen, Heideland und in lichten Wäldern.

In der Küche Die Gewöhnliche Goldrute wirkt diuretisch und antibakteriell und wird daher häufig gegen Harnwegsinfekte eingesetzt. Außerdem wirkt sie bei leichten Verdauungsbeschwerden beruhigend sowie, bei äußerer Anwendung, entzündungshemmend. Bei Niereninsuffizienz vor der Anwendung fachlichen Rat einholen. Die frisch getrockneten Blütenstände und Blätter werden zu Tee, Tinktur und Ölauszug verarbeitet und dann lokal angewendet.

Pfennigkraut
Lysimachia nummularia

PRIMELGEWÄCHSE

Erscheinungsbild Kleine, ausdauernde Kriechpflanze mit runden, gegenständigen Blättern, die an der mittleren Blattader leicht geknickt sind. Die Blüten sitzen an der Spitze des Stängels und bestehen aus fünf goldgelben Blättern, die bisweilen zweispaltig sind.

Verbreitungsgebiet und Standort Fast überall in Europa; an Flussläufen, in Gräben, auf Feuchtwiesen und in feuchten Wäldern.

In der Küche Weil es adstringierend wirkt, hat das Pfennigkraut blutstillende Wirkung und trägt so zur Vernarbung oberflächlicher Wunden und Verletzungen bei. Lange wurde es gegen Husten und Durchfall verwendet, aber auch gegen Ekzeme und Rheuma. Alle oberirdischen Pflanzenteile können verwendet werden. Man bereitet aus ihnen Tee zu, den man trinkt, zum Gurgeln verwendet oder in einer Kompresse auf die betroffene Hautstelle aufbringt. Anwendung und Dosierung müssen von einem Fachmann überwacht werden.

Sumpf-Schwertlilie
Iris pseudacorus

SCHWERTLILIEN-GEWÄCHSE

Erscheinungsbild Geruchslose Pflanze. Der dicke, unterirdische Wurzelstock bildet manchmal Verzweigungen. Die Blätter sind länglich und laufen spitz zu, haben parallel verlaufende Blattadern und umschließen den Stängel fast auf ganzer Länge. Die gelben Blüten haben eine schwache, purpurfarbene Zeichnung.

Verbreitungsgebiet und Standort Wie ihr Name sagt, wächst sie in Sümpfen, im Röhricht, in Gräben, auf Feuchtwiesen, in Erlenwäldern, Pappelwäldern und am Ufer von Gewässern.

Nahe Verwandte Sie ist verwandt mit der Deutschen Schwertlilie, deren zahlreiche Unterarten zur Zierde verwendet werden, und mit den Krokussen, zu denen auch der Safrankrokus zählt.

Wissenswertes Die Schwertlilie war angeblich das Vorbild für die Fleur-de-lys, das Symbol im Wappen der französischen Monarchie. Die Wurzeln werden zur Gerbung verwendet. Sie kann auch genutzt werden, um das im Boden enthaltene Wasser zu reinigen.

Strauch-Melde
Atriplex halimus

FUCHSSCHWANZ-GEWÄCHSE — 100 bis 200 cm — A — Blütezeit: J F M A M J J A S O N D

Erscheinungsbild Die Strauch-Melde ist ein Strauch mit feinen, grau-weißen Ästen. Die silbrig-weißen Laubblätter sind wechselständig, immergrün und pfeilförmig. Die unauffälligen Blütenstände der Strauch-Melde bestehen aus gelblichen Blüten, die in langen und dichten Ähren zusammenstehen. Die von zwei weißen Vorblättern umhüllten Früchte enthalten kleine, rotbraune Samen.

Verbreitungsgebiet und Standort Küstengebiete. Ursprünglich aus Afrika und von der Mittelmeerküste stammend, hat sich dieser Zierstrauch im gesamten Mittelmeerraum und am Atlantik sowie auf den Kanalinseln ausgebreitet.

In der Küche Die Blätter liefern Vitamine und Mineralstoffe, enthalten jedoch auch Oxalate. Daher sollten sie roh nicht über einen längeren Zeitraum in größeren Mengen verzehrt werden. Die Blätter mit ihrem salzigen Geschmack verleihen Salaten eine würzige Note, schmecken aber auch einfach mit ein wenig Olivenöl in der Pfanne gebraten hervorragend. Genau wie Algen passen sie gut zu allen Beilagen für Fischgerichte.

Wilde Rübe
Beta maritima

FUCHSSCHWANZ-GEWÄCHSE — 30 bis 120 cm — A — Blütezeit: J F M A M J J A S O N D

Erscheinungsbild Die Wilde Rübe ist eine attraktive, ausdauernde Pflanze von zum Teil beachtlicher Wuchshöhe. Die dichte grundständige Blattrosette besteht aus dunkelgrün glänzenden, weichen und fleischigen Blättern, die eiförmig oder rhombisch und an den Rändern wellig sind und einen fleischigen Stiel haben. Die Stängelblätter sind kurz und sitzend. Die grünlichen Blüten sitzen in Knäueln in den Blattachseln. In der natürlichen Umgebung der Wilden Rübe besteht grundsätzlich keine Verwechslungsgefahr.

Verbreitungsgebiet und Standort Unbewirtschaftete Flächen in den Küstengebieten Europas, Vorderasiens und Nordafrikas.

In der Küche Die Blätter der Wilden Rübe sind reich an Vitaminen und Mineralstoffen, insbesondere an Eisen, aber auch an Saponinen und Oxalaten, weswegen sie keinesfalls in großen Mengen verzehrt werden sollten (das gilt ebenso für ihre gezüchtete Verwandte). Man verwendet vor allem die salzig schmeckenden Blätter. Roh sind sie eine knackige Erfrischung, gedünstet ein leckeres Gemüse.

Meerfenchel
Crithmum maritimum

DOLDENBLÜTLER — 20 bis 50 cm — A — Blütezeit: J F M A M J J A S O N D

Erscheinungsbild Beim Meerfenchel handelt es sich um eine ausdauernde, sukkulente Pflanze mit fleischigen, gefiederten Laubblättern, die in linealische, spitze Abschnitte geteilt sind und in der Mitte eine Ritze aufweisen. Die Blüten bilden dichte, weiße Dolden, die aufrecht an den Enden der Stängel stehen. Die rötlichen Früchte sind ei- bis kugelförmig.

Verbreitungsgebiet und Standort Sanddünen und Felsen an den Küsten von Atlantik, Nordsee und Mittelmeer in Europa, Westasien und Nordafrika.

In der Küche Der Meerfenchel enthält ätherische Öle, eine Vielzahl von Mineralstoffen und Vitamin C. Die Blätter haben ein ausgeprägtes Zitrusaroma. Roh eignen sie sich hervorragend zum Würzen von Salaten oder lassen sich als Tatar zubereiten. Gekocht passen sie vor allem zu Tintenfisch, Fisch und Meeresfrüchten. Man kann sie auch in Essig einlegen. Die pikanten Früchte geben ein gutes Gewürz ab.

Krähenfuß-Wegerich
Plantago coronopus

WEGERICHGEWÄCHSE — 5 bis 40 cm — E — Blütezeit: J F M A M J J A S O N D

Erscheinungsbild Der Krähenfuß-Wegerich ist eine kleine, ein- oder zweijährige und leicht behaarte Pflanze, deren Laubblätter im Bereich der Grundrosette ausgebreitet liegen und nach oben hin in schmale, spitze Abschnitte gespalten sind, weshalb die Pflanze auch als »Hirschhorn-Wegerich« bezeichnet wird. Die winzigen gelben Blüten stehen in langen, grünlichen, aufrechten Ähren, die zu Kapselfrüchten mit drei bis vier braunen Samen werden. Verwechslungen mit anderen Wegerich-Arten sind denkbar, alle sind jedoch essbar.

Verbreitungsgebiet und Standort Dünen in Küstengebieten oder sandige Böden im Landesinnern in Europa und Westasien.

In der Küche Der Krähenfuß-Wegerich ist reich an Vitaminen, Mineralstoffen (Eisen, Kalzium), Schleimstoffen und Natrium, wenn er in Meeresnähe geerntet wird. Die zarten und salzigen Blätter schmecken roh in gemischten Salaten, gegart lassen sich damit Suppen, Pürees, Tartes oder Omeletts verfeinern.

Am Wasser

Schwarzerle
Alnus glutinosa

BIRKENGEWÄCHSE Blütezeit

Erscheinungsbild Die Krone ist kegel- oder pyramidenförmig. Die Schwarzerle wird bis zu 25 Meter hoch, und ihre Äste sind für gewöhnlich krumm. Die Rinde ist braun, oft rissig und segmentiert und weist zahlreiche vertikale Scharten auf. Die Blätter sind rund, dunkelgrün und leicht unregelmäßig gezackt, die Spitzen abgeflacht. Die Früchte sind kleine dunkelbraune Zapfen. Sie hängen die meiste Zeit des Jahres am Baum und öffnen sich im Herbst, um ihre Samen freizusetzen.

Verbreitungsgebiet und Standort Die Schwarzerle kommt in ganz Europa natürlich vor und wird nur selten angepflanzt. Sie wächst häufig am Rand von Fließgewässern und auf feuchten Böden.

Wissenswertes Die Wurzeln bilden kleine Knoten, in denen sich Bakterien ansammeln, die mit dem Baum in Symbiose leben: Sie binden den in der Luft enthaltenen Stickstoff und reichern damit den Boden an. Im Austausch dafür liefert ihnen der Baum Kohlenstoffverbindungen, die sie für ihr Wachstum brauchen.

abgeflachte Blattspitze

Schwarzpappel
Populus nigra

WEIDENGEWÄCHSE Blütezeit

Erscheinungsbild Die Schwarzpappel ist ein bis zu 40 Meter hoher, ausladender Baum. Die nach außen wachsenden Äste sind dick und gebogen. Von den Ästen und vom Stamm gehen büschelweise viele Zweige ab. Die Rinde ist von dunklem Graubraun, rau und gefurcht. Die Blätter sind klein (6 bis 8 cm), rauten- oder dreiecksförmig und laufen spitz zu. Ihr Rand ist fein gezackt. Am Blattansatz befinden sich keine Drüsen. Die Knospen sind spitz und liegen abwechselnd auf beiden Seiten der Zweige. Die Früchte sind weiß und behaart und werden vom Wind verstreut.

Verbreitungsgebiet und Standort Die Schwarzpappel ist in ganz Deutschland und den gemäßigten Zonen Europas beheimatet. Sie bevorzugt feuchte Böden.

Wissenswertes Die Italienische Pappel *(Populus nigra Italica)* wird oft in Alleen, Parks und Gärten angepflanzt. Sie ist an ihrer typischen geraden, langgestreckten Form erkennbar.

Silberweide
Salix alba

WEIDENGEWÄCHSE 🌲 25 m ↑ L **Blütezeit** J F M A M J J A S O N D

Erscheinungsbild Die Silberweide ist ein großer Baum mit kurzem Stamm, der oftmals schräg wächst. Ihre dicken Äste wachsen nach oben, und sie wird bis zu 25 Meter hoch. Um das Wachstum zu begrenzen, werden Silberweiden häufig zu sogenannten Kopfweiden zurückgeschnitten. Die Rinde ist grau und bildet vertikale, sich kreuzende Risse. Die Blätter sind lang und schmal, laufen oben spitz zu und sind fein gezackt. Die Unterseite ist grau und behaart, der Blattstiel kurz. Die Blüten sind gelb und wachsen am Blattansatz. Die Früchte sind kleine, behaarte Körner, die vom Wind verteilt werden.

Verbreitungsgebiet und Standort Die Silberweide wächst wild in ganz Mitteleuropa. Man findet sie vor allem am Ufer von Flüssen und Seen.

Wissenswertes Die biegsamen Zweige der Silberweide werden in der Korbflechterei verwendet. Vertreter der Bruchweide, einer verwandten Art, erkennt man an ihrem braunen Stamm sowie an den Blättern, deren Unterseite nicht behaart ist.

Trauerweide
(Babylonische Trauerweide)
Salix babylonica

WEIDENGEWÄCHSE 🌲 20 m ↑ L **Blütezeit** J F M A M J J A S O N D

Erscheinungsbild Die Trauerweide ist ein großer, ausladender Baum mit krumm wachsenden Ästen. Ihre Zweige hängen nach unten und reichen oft bis zum Boden. Sie wird bis zu 20 Meter hoch. Die Rinde ist graubraun, mit zahlreichen vertikalen Furchen, die sich oftmals kreuzen. Die Blätter sind lang und schmal, fein gezackt und laufen oben spitz zu. Die Unterseite ist pastellgrün, bei manchen Varietäten auch gelb. Die gelben Blüten wachsen am Ansatz der Blattstiele. Die Früchte sind kleine, behaarte Körner und werden vom Wind verteilt.

Verbreitungsgebiet und Standort Die Trauerweide wird seit dem 19. Jahrhundert vielfach angepflanzt. Man findet sie vor allem am Ufer von Seen und Wasserläufen.

Wissenswertes Von der Trauerweide existieren zahlreiche Varietäten, deren Zweige verschiedene Gelbtöne besitzen und deren Äste mehr oder weniger stark gekrümmt sind. Die Trauerweide kreuzt sich oft mit der Silberweide, einer verwandten Art.

Am Wasser

Die Tierwelt an den Ufern

Weder ausschließlich im Wasser noch ausschließlich an Land – etliche Tiere sind in beiden Lebensräumen zu Hause. Die meisten von ihnen sind unauffällig, und oft entdeckt man sie eher durch Zufall, zwischen Röhricht und Binsen, am Ufer eines Flusses oder eines Teiches …

Semiaquatische Säugetiere

Fischotter (1) und Biber (2) sind typische Uferbewohner, die bei uns heimisch sind. Beide sind hervorragende Schwimmer und geschützte Arten. Der Fischotter ernährt sich hauptsächlich von Fischen, der Biber dagegen von Pflanzen. Außerdem ist der Biber als geschickter Baumeister bekannt. Seine Baue sind ausgeklügelte Bauwerke; sie bestehen aus Stämmen, Zweigen und Ästen und sind mit Schlamm abgedichtet. Die Wasserspitzmaus (3) betäubt mit ihrem giftigen Speichel Beutetiere, die größer sind als sie und die sie am Ufer oder unter Wasser findet. Die Westschermaus (4) ist ein kleines Nagetier, das tauchen und schwimmen kann; sie ernährt sich vor allem von Wasserpflanzen. Die Biberratte (5) und die Bisamratte wurden zu Zuchtzwecken aus Amerika eingeführt, haben sich aber schon bald in der Natur verbreitet, was zu Störungen der Ökosysteme führte.

Wissenswertes

Das Fell dieser Arten ist sehr dicht. Ein Fischotter hat auf einem Quadratzentimeter Haut 60 000 bis 80 000 Haare. Ein Hund dagegen nur 200 bis 600!

Reptilien

Am Ufer sind vor allem Nattern (6) anzutreffen. Anders als Vipern können sie schwimmen und auf Bäume klettern. Vipern sind kleiner als Nattern und eher auf steinigen Böden und im Unterholz beheimatet; außerdem haben ihre Augen eine andere Form. Nattern sind ein wichtiges Glied der Nahrungskette: Sie regulieren die Populationen kleiner Säugetierarten wie etwa von Mäusen, und sind auch selbst Beutetiere, vor allem für Raubvögel. In Sumpfgebieten kann man manchmal auch die Europäische Sumpfschildkröte (7) entdecken, die gerne ausgiebig in der Sonne badet.

Amphibien

Am Ufer von Gewässern wimmelt es nur so von kleinen Tieren, die oft ein faszinierendes Verhalten an den Tag legen. Bei den Geburtshelferkröten (8) legt das Weibchen die Eier, doch dann trägt sie das Männchen drei Wochen lang bei sich, in einem Bündel an den Hinterbeinen. Jeden Abend befeuchtet es sie an einer Wasserstelle, bis die Kaulquappen schließlich schlüpfen. Bei den Teichfröschen (9) sind es die Männchen, die singen. Der kleine, grüne Laubfrosch (10) hält sich tagsüber in Büschen und Bäumen auf und wandert nachts zum Wasser. Der Kammmolch (11) hat seinen Namen von dem Kamm, den die Männchen zur Paarungszeit entwickeln; der Salamander (12), schwarz mit gelben Flecken, lebt an Land in Ufernähe, versteckt sich tagsüber und kommt nur am Abend hervor, um Würmer und Schnecken zu jagen.

Wissenswertes

Jedes Jahr im Februar und im März verlassen Millionen von Amphibien die Wälder, in denen sie überwintert haben, und wandern zu den Tümpeln und Teichen zurück, wo sie zur Welt gekommen sind, um sich dort fortzupflanzen. Weil diese Wanderungen gefährlich sind, bringen Tierschützer an Straßenrändern häufig Netze an, um die Tiere abzufangen und ihnen über die Straße zu helfen.

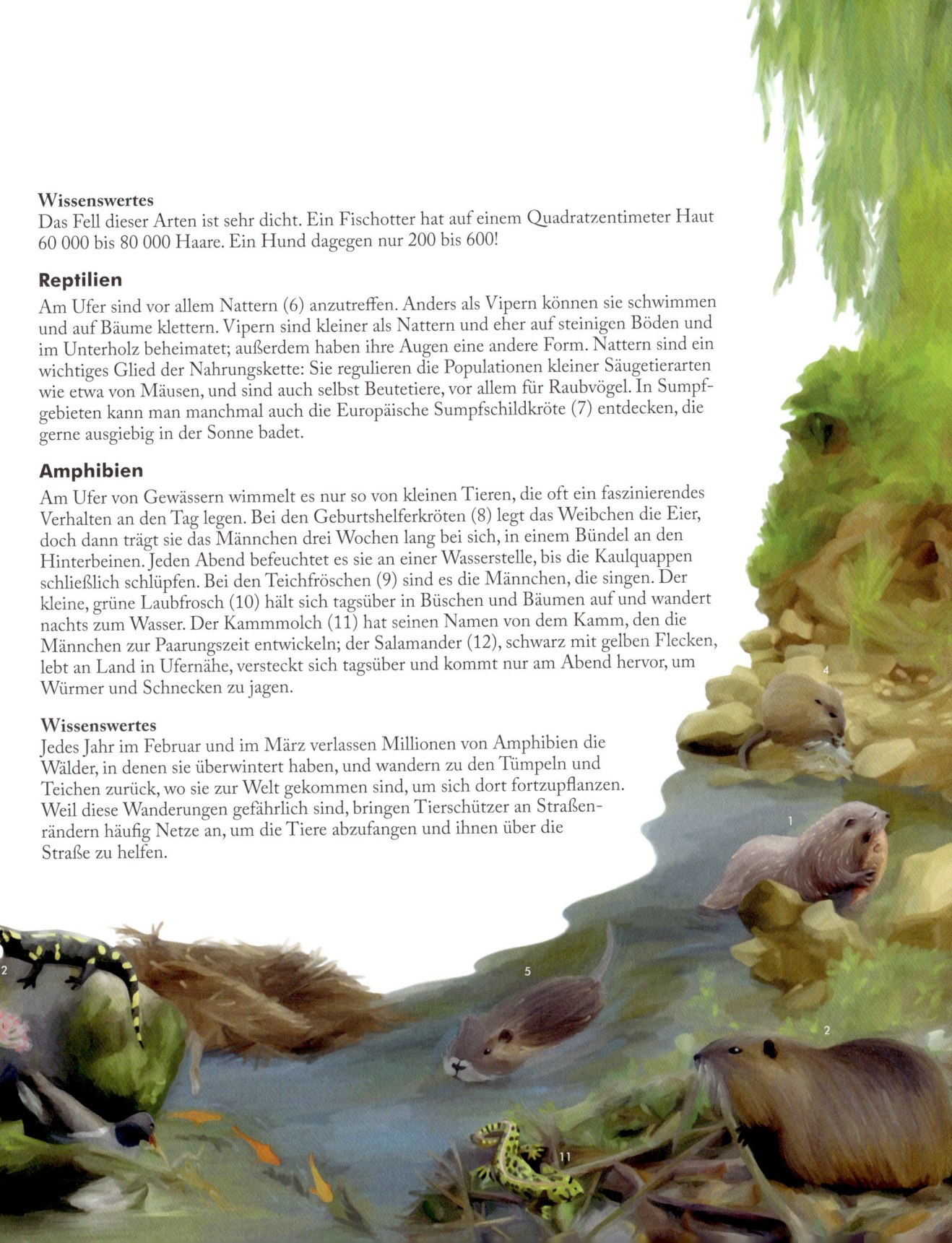

Blaugrüne Mosaikjungfer
Aeshna cyanea

LIBELLEN — 67 bis 76 mm — Flugperiode

Erscheinungsbild Die Männchen haben eine grüne Stirn und blaue Augen. Der Thorax ist grün, mit breiten schwarzen Streifen auf jeder Seite. Der Hinterleib ist schwarz und lebhaft blau-grün gemustert. Die Weibchen haben dieselbe Zeichnung, allerdings braun auf grünem Grund.

Lebensraum In allen Arten von feuchtem Gelände, aber auch auf Wiesen und in Gärten.

Lebensweise Diese Art ist weit verbreitet und sehr genügsam. Die Larven wachsen in stehenden Gewässern heran, aber auch in Wasserläufen mit leichter bis mittelstarker Strömung. Auffällig sind vor allem die Männchen mit ihrer blauen Färbung, die oft über dem Wasser herumschwirren. Als Fleischfresser suchen sie ihre Nahrung aber auch an Land. Jedes Jahr entsteht eine Generation. Die Weibchen legen ihre Eier am Ufer ab, im moosigen Boden oder in Pflanzen. Die Entwicklung der Larven dauert ein bis zwei Jahre.

Blauflügel-Prachtlibelle
Calopteryx virgo

LIBELLEN — 31 bis 42 mm  — Flugperiode

Erscheinungsbild Körper und Flügel der Männchen sind durchgehend metallisch blaugrün. An der Spitze des Hinterleibs tragen sie auf der Unterseite einen orangefarbenen Fleck. Bei den Weibchen ist der Körper metallisch grün, die Flügel sind braun. Die Weibchen sind leicht mit der Gebänderten Prachtlibelle zu verwechseln, die Männchen mit der Südwestlichen Prachtlibelle.

Lebensraum In der Nähe von Wasserläufen, an hellen und halbschattigen Stellen.

Lebensweise Durch ihre zierliche Gestalt und ihr schillerndes Äußeres geben sie eine geradezu feenhafte Erscheinung ab. Nur selten verlassen sie ihren angestammten Lebensraum. Die Weibchen legen ihre Eier auf den Stängeln von Wasserpflanzen ab. Die Larven entwickeln sich im Wasser und ernähren sich räuberisch. Auch die ausgewachsenen Tiere sind Fleischfresser und ernähren sich von anderen Insekten.

Große Pechlibelle
Ischnura elegans

LIBELLEN — 30 bis 35 mm  — Flugperiode

Erscheinungsbil Der Thorax der Männchen ist blauschwarz gefärbt und hat oben zwei blaue parallele Streifen. An der Spitze der Flügel liegt jeweils ein schwarz-weißes Flügelmal (Pterostigma). Der Hinterleib ist dunkel, nur das vorletzte Segment ist blau. Die Zeichnung der Weibchen ist identisch, sie sind jedoch unterschiedlich gefärbt (grün, braun oder blau).

Lebensraum Auf feuchten Wiesen, in der Nähe von stehenden oder schwach strömenden Gewässern.

Lebensweise Oft sieht man diese Kleinlibelle in Gruppen von über zehn Tieren. Manchmal wagt sie sich auf benachbarte Wiesen vor, kehrt jedoch immer wieder zum Wasser zurück. Die Weibchen legen ihre Eier in der Ufervegetation ab. Im Norden entsteht pro Jahr eine Generation, im Süden sind es zwei bis drei.

Wissenswertes Die Unterordnung der Kleinlibellen umfasst zahlreiche Arten, die sich oft nur anhand von Details bestimmen lassen.

Blutrote Heidelibelle
Sympetrum sanguineum

LIBELLEN — 35 bis 40 mm   — Flugperiode

Erscheinungsbild Die Männchen haben dunkle Augen und einen feuerroten Hinterleib, mit einer schwarzen Zeichnung auf den letzten beiden Segmenten. Die Flügelmale sind braun, die Beine gänzlich schwarz. Die Weibchen sind von ähnlicher Gestalt, ihr Körper ist jedoch gelb und die Augen sind hellbraun. Die Männchen werden leicht mit der Großen Heidelibelle verwechselt, die Weibchen mit der Sumpf-Heidelibelle.

Lebensraum An stehenden oder schwach strömenden Gewässern, vor allem an sonnigen Stellen.

Lebensweise Diese kleine Libellenart ist weit verbreitet und bevorzugt Orte mit reichhaltiger Wasservegetation. Die Männchen fallen wegen ihrer intensiven Färbung sofort ins Auge. Die Eiablage erfolgt in »Tandemstellung«: Das Männchen hält das Weibchen am Rücken fest, während dieses seine Eier unterhalb der Wasseroberfläche ablegt. Dort überwintern die Eier; im folgenden Frühjahr schlüpfen dann die Larven.

Am Wasser

Gelbrandkäfer
Dyticus marginalis

KÄFER 27 bis 35 mm

Beobachtungszeitraum: J F M A M J J A S O N D

Erscheinungsbild Der Körper ist grünbraun, Thorax und Deckflügel sind gelb gerändert. Zwischen den Augen liegt ein triangelförmiger orangefarbener Fleck. Die Hinterbeine sind länger als die Vorderbeine und dienen mit ihren Borsten beim Schwimmen als Paddel. Bei den Weibchen haben die Deckflügel gelbe Rillen, bei den Männchen sind sie glatt.

Lebensraum Stehende oder schwach strömende Gewässer mit dichter Vegetation.

Lebensweise Schwimmkäfer leben im Wasser und gehören zu den größten und schnellsten Wasserinsekten. Allein in Mitteleuropa gibt es rund 150 Arten. Sie atmen durch die hinteren Atemöffnungen im Hinterleib, indem sie diesen aus dem Wasser strecken. Außerdem können sie zwischen den Borsten ihrer langen Beine Luftblasen tragen. Sowohl die Larven als auch die ausgewachsenen Tiere sind gefürchtete Räuber und greifen kleine Fische und sogar Molche an.

Wasserskorpion
Nepa cinerea

SCHNABELKERFE 18 bis 25 mm

Beobachtungszeitraum: J F M A M J J A S O N D

Erscheinungsbild Der abgeflachte Körper ist gräulichbraun und oval geformt. Die Vorderbeine sind zu Fangbeinen umgebildet, liegen neben dem Kopf und sind nach vorn gerichtet. Der Hinterleib läuft in einem 10 bis 15 mm langen Atemrohr aus.

Lebensraum Der Wasserskorpion lebt in schwach strömenden oder stehenden Gewässern, etwa in Tümpeln, Sümpfen und Weihern.

Lebensweise Der Wasserskorpion gehört zu den Wasserwanzen, man kann ihn jedoch auch an Land beobachten. Seinen Namen verdankt er seinen Fangbeinen. Er besitzt zwar keinen Stachel, aber einen Rüssel, mit dem er seine Beute ansticht und aussaugt. Er versteckt sich zwischen Unterwasserpflanzen oder im Schlamm und macht dort Jagd auf Larven, kleine Insekten und Krebse. Mit seinem Atemrohr holt er an der Wasseroberfläche regelmäßig Luft. Bei Nichtgebrauch liegt es zwischen Hinterleib und Flügeln.

Sumpfschrecke
Stethophyma grossum

HEUSCHRECKEN 12 bis 25 mm (Männchen) 26 bis 40 mm (Weibchen)

Flugperiode: 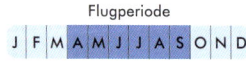 J F M A M J J A S O N D

Erscheinungsbild Der Körper ist grün-gelb, wobei die Färbung variieren kann. Die Weibchen weisen manchmal rote Flecken auf. Die Deckflügel sind dunkel, mit einem hellgelben oder grünen Streifen auf jeder Seite. Die Hinterschenkel sind auf der Unterseite rot, an den Hinterschienen verläuft eine Reihe schwarzer »Dornen«.

Verbreitungsgebiet und Standort Auf feuchten Wiesen, in Mooren und Sümpfen.

Lebensweise Diese anspruchslose Heuschreckenart lebt ausschließlich an feuchten, sonnigen Orten mit dichter Vegetation. Sie ist in ganz Mitteleuropa verbreitet und bis in Höhen von 2000 Metern zu beobachten. Allerdings sind die Populationen meist nicht sehr groß und die Art leidet unter der Verkleinerung ihres natürlichen Lebensraums – eine Folge von Austrocknung und des Verschwindens feuchter Regionen.

Gemeine Eintagsfliege
Ephemera vulgata

EINTAGSFLIEGEN   12 bis 22 mm

Flugperiode:  J F M A M J J A S O N D

Erscheinungsbild Der gebogene Körper ist gelb-gräulich, Kopf und Thorax schimmern golden oder kupferfarben. Auf den transparenten Flügeln finden sich wenige dunkle Flecken. Die Vorderbeine sind sehr lang und sind in Ruhestellung nach vorne gerichtet. Der Hinterleib trägt oben und an den Flanken eine dunkle Zeichnung und läuft in drei langen Cerci aus.

Lebensraum Stehende oder schwach bis mittelstark strömende Gewässer.

Lebensweise Die auch Braune Maifliege genannte Insektenart ist vor allem wegen ihrer kurzen Lebensdauer bekannt (wenige Stunden bis wenige Tage). Wenn sie ausgewachsen sind, widmen sich die Tiere ausschließlich der Vermehrung und nehmen keine Nahrung auf. Die Männchen sterben unmittelbar nach der Paarung, die Weibchen nach der Eiablage. Die Larven dagegen brauchen für ihre Entwicklung rund zwei Jahre. Sie leben im Boden von Wasserläufen oder Teichen und ernähren sich von abgestorbenem organischem Material.

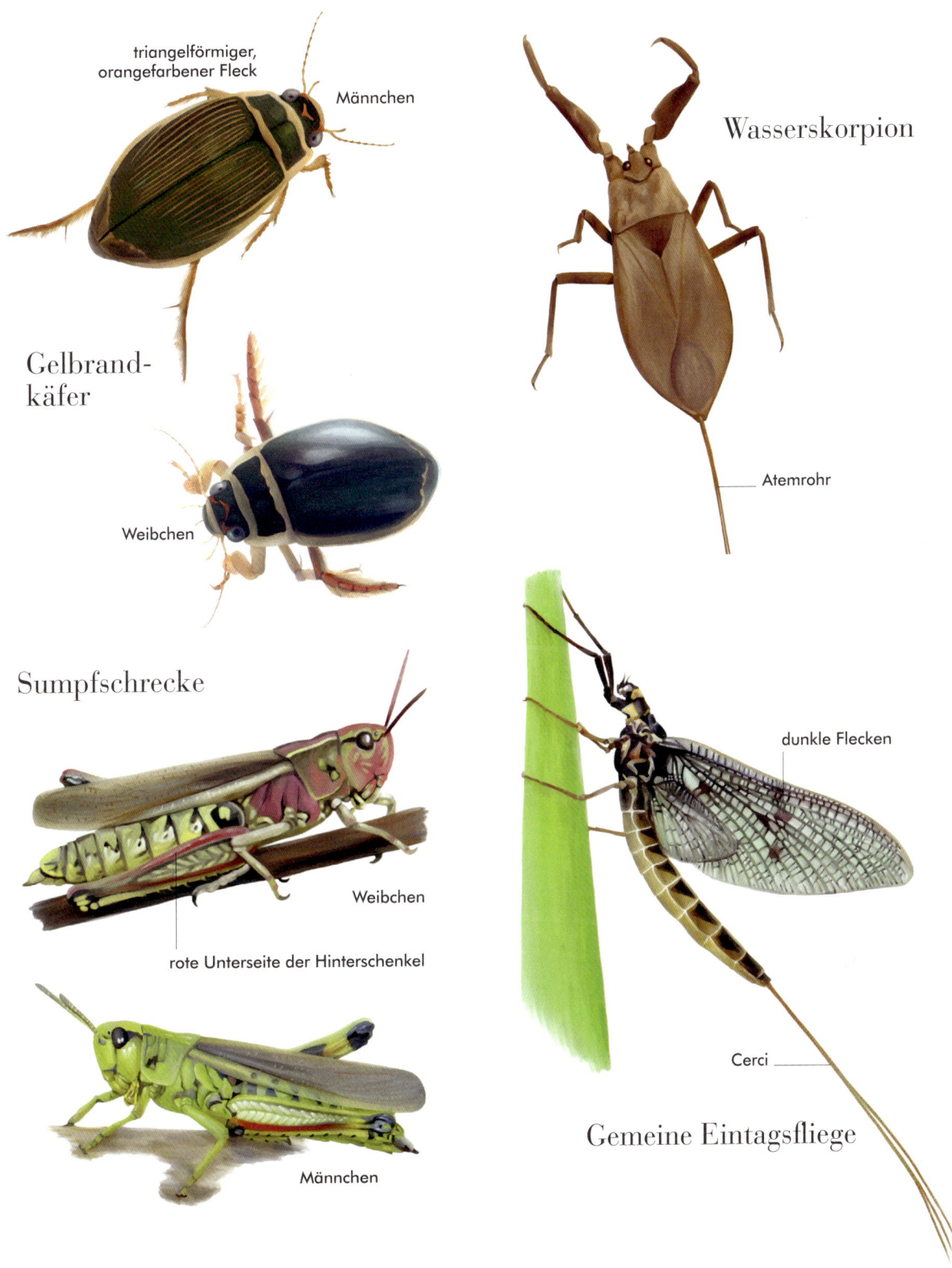

Am Wasser

Lilagold-Feuerfalter
Lycaena hippothoe

BLÄULINGE 25 bis 35 mm 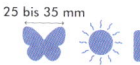 Flugperiode

Erscheinungsbild Dieser kleine Schmetterling sieht seinem Verwandten, dem Großen Feuerfalter, zum Verwechseln ähnlich. Bei Letzterem sind die Unterseiten der Vorderflügel allerdings grau und nicht orange. Außerdem sind beim Lilagold-Feuerfalter die kommaförmigen schwarzen Flecken auf den Flügeloberseiten kaum zu sehen. Ein ausgeprägter Geschlechtsdimorphismus ist auch bei dieser Art festzustellen, denn das Weibchen ist viel dunkler gefärbt als das Männchen. Darüber hinaus gibt es farbliche Varianten zwischen der Unterart *eurydame* und der Unterart *eurydice*, bei welcher die Flügeloberseiten der männlichen Tiere an den Rändern teilweise violett übergossen sind.

Lebensraum Feuchtwiesen und feuchte Hochstaudenfluren in Europa von den Pyrenäen bis nach Russland.

Lebensweise Diese Art fliegt in nur einer Generation pro Jahr, wobei die meisten Exemplare im Juni erscheinen. Die Raupenfutterpflanzen sind vor allem Ampferarten *(Rumex spec.)*, teilweise auch Schlangen-Knöterich *(Bistorta officinalis)*. Die Überwinterung erfolgt als Raupe.

Aurorafalter
Anthocharis cardamines

WEISSLINGE 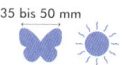 35 bis 50 mm Flugperiode

Erscheinungsbild Diese Art ist durch einen auffälligen Geschlechtsdimorphismus gekennzeichnet. Bei den männlichen Tieren wird etwa die Hälfte der cremefarbenen Vorderflügeloberseiten von einer breiten orangefarbenen Fläche eingenommen, während die Weibchen lediglich einen schwarzen Fleck an den Flügelspitzen aufweisen. Die Unterseiten der grünlich marmorierten Hinterflügel mit den gelb unterlegten Adern sehen bei beiden Geschlechtern gleich aus. Das Männchen des Aurorafalters ist mit bloßem Auge bestimmbar, das Weibchen dagegen kann mit verschiedenen anderen Weißlingen der Gattung Euchloe oder mit dem Westlichen Reseda-Weißling verwechselt werden.

Lebensraum Breite Wege in lichten Wäldern, Waldränder und Feuchtwiesen in ganz Europa und in Asien.

Lebensweise Die Weibchen legen kleine orangefarbene Eier auf Blätter unterschiedlicher Kreuzblütlerarten ab, insbesondere auf Wiesen-Schaumkraut *(Cardamine pratensis)* und Knoblauchsrauke *(Alliaria petiolata)*, von deren Schoten sich die jungen Raupen ernähren. Die Überwinterung erfolgt als Puppe. Die Falter fliegen in nur einer Generation im Jahr.

Braunfleckiger Perlmuttfalter
Boloria selene

EDELFALTER 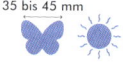 35 bis 45 mm Flugperiode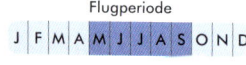

Erscheinungsbild Orangefarbene Grundfärbung, die Flügeloberseiten sind über die gesamte Submarginalregion hinweg mit einem winkelförmigen Muster und einer darüber verlaufenden Reihe schwarzer Punkte geschmückt. Auf den Unterseiten der Hinterflügel wechseln orangefarbene, gelbe und cremefarbene Flächen einander ab. An der Flügelbasis befindet sich ein runder schwarzer Fleck, am Außenrand ist eine Reihe cremefarbener, mit schwarzen Winkeln abgesetzter Flecken zu sehen.

Lebensraum Wiesen, Sumpfgebiete, Waldränder oder Heiden und Feuchtgebiete mit Gestrüpp in fast ganz Europa.

Lebensweise Er verlässt sein Habitat nur selten. Die Raupen ernähren sich hauptsächlich von wilden Veilchenarten *(Viola spec.)*. Die Art ist bivoltin, wobei die erste Generation Mitte Mai und die zweite im August fliegt.

Wissenswertes Die Trockenlegung von Feuchtgebieten raubt dem Braunfleckigen Perlmuttfalter die Lebensgrundlage; die Art gilt als gefährdet.

Mädesüß-Perlmuttfalter
Brenthis ino

EDELFALTER  30 bis 40 mm Flugperiode

Erscheinungsbild Die Flügeloberseiten des Mädesüß-Perlmuttfalters sind orangefarben, die Flügelbasis ist schwarz gemustert. Entlang der Außenränder verlaufen zwei parallele Reihen ebenfalls schwarzer Punkte. Bei den männlichen Faltern ist ein violetter Schimmer vorhanden. Die Unterseiten der Hinterflügel zeigen ein Muster aus cremefarbenen, gelben und orangebraunen Flächen, in der Submarginalregion befinden sich einige verwaschene schwarze Augenflecken mit weißen Kernen.

Lebensraum Ufer, Sumpfgebiete, Waldlichtungen und Feuchtwiesen nahezu überall in Europa.

Lebensweise Dieser kleine Perlmuttfalter beschränkt sich gern auf ein überschaubares Territorium. Die Entwicklung der Raupen erfolgt an Futterpflanzen, wie dem Großen Wiesenknopf *(Sanguisorba officinalis)* und Echten Mädesüß *(Filipendula ulmaria)*. Die Art bringt nur eine Generation pro Jahr hervor.

Wissenswertes Der Mädesüß-Perlmuttfalter ist durch den Rückgang seiner Lebensräume zunehmend gefährdet.

Lilagold-Feuerfalter

Männchen

Weibchen

Aurorafalter

Braunfleckiger
Perlmuttfalter

Mädesüß-
Perlmuttfalter

Am Wasser

Stromtal-Wiesenvögelchen
Coenonympha oedippus

EDELFALTER 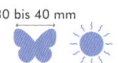 Flugperiode

Erscheinungsbild Die Flügeloberseiten dieses Tagfalters sind einfarbig graubraun. An den Außenrändern der Hinterflügel sitzen je drei gelb gerandete, schwarze Augenflecken. Die Unterseiten der Flügel sind in der gesamten Submarginalregion mit einer Reihe aus fünf bis sechs weiß gekernten und hellgelb umrandeten, schwarzen Augenflecken und mit einer mehr oder weniger breiten hellen Randbinde geschmückt.

Lebensraum Moore, Sumpfgebiete, Wiesen und Ränder von Feuchtwäldern in Mitteleuropa und Asien bis nach Japan.

Lebensweise Von diesem aus Asien stammenden Schmetterling gibt es in Europa nur begrenzte Populationen, vor allem an der Atlantikküste Südwestfrankreichs. Die Falter fliegen recht gemächlich und in der Regel in Bodennähe. Die Eiablage erfolgt überwiegend auf Blauem Pfeifengras *(Molinia caerulea)*, manchmal auch auf anderen Feuchtgebietspflanzen. Das Stromtal-Wiesenvögelchen bringt nur eine Generation pro Jahr hervor und überwintert als Raupe.

Goldener Scheckenfalter
Euphydryas aurinia

EDELFALTER    Flugperiode

Erscheinungsbild Die rehbraunen Flügel des Goldenen Scheckenfalters besitzen eine beige-schwarze Musterung. Die Hinterflügel tragen sowohl auf den Ober- als auch auf den Unterseiten eine orangebraune Binde mit einer durchgehenden Reihe schwarzer Punkte, die auf den Unterseiten beige eingefasst ist.

Lebensraum Feuchtwiesen, Sumpfgebiete und Moore oder auch kalkhaltige Trockenwiesen in ganz Europa sowie in Nordafrika und Asien.

Lebensweise Der Bestand dieses relativ seltenen Scheckenfalters ist stark rückläufig. Darüber hinaus kann er wegen seiner kurzen Lebensdauer nur über einen sehr begrenzten Zeitraum des Jahres beobachtet werden. Das Besondere am Goldenen Scheckenfalter ist, dass er Populationen hervorbringt, die zwei unterschiedliche Arten von Lebensräumen besiedeln. So ist die Unterart *aurinia* vor allem in Feuchtgebieten zu finden, während die Unterart *xeraurinia* trockene und sonnige Umgebungen bevorzugt.

Spiegel-Dickkopffalter

Heteropterus morpheus

DICKKOPFFALTER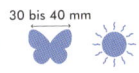

Erscheinungsbild Dieser Tagfalter ist dank seines ungewöhnlichen Aussehens leicht zu bestimmen. Die Flügeloberseiten sind einfarbig dunkelbraun, wobei die Vorderflügel am Vorderrand einzelne helle Flecken aufweisen. Die gelborangefarbenen Flügelunterseiten besitzen ein charakteristisches Muster aus großen ovalen weißen Flecken mit schwarzem Rand.

Lebensraum Feuchtwiesen und -heiden, Randgebiete von Mooren oder Waldränder in Europa und Asien bis nach Japan.

Lebensweise Diese Schmetterlingsart, deren wissenschaftlicher Name auf den griechischen Gott des Schlafs zurückgeht, bildet nur eine Generation pro Jahr und ist in Feuchtgebieten tieferer Lagen anzutreffen. Das Weibchen legt seine Eier an Blauem Pfeifengras *(Molinia caerulea)* und anderen Süßgräsern ab. Die Raupen überwintern in einem Kokon aus Gespinstfäden und Blättern.

Weibchen

Männchen

Großer Feuerfalter

Lycaena dispar

BLÄULINGE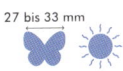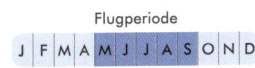

Erscheinungsbild Die Flügeloberseiten des männlichen Großen Feuerfalters sind leuchtend orange. Auf jedem Flügel sitzt ein schwarzer Fleck, der wie ein Komma geformt ist, die Ränder ziert ein schmaler schwarzer Saum. Bei den matter gefärbten Weibchen ist dieser Saum wesentlich breiter, und entlang der Vorderflügelaußenränder verläuft eine Reihe schwarzer Flecken. Die Unterseiten der Vorderflügel sind orange mit grauem Rand, die Unterseiten der Hinterflügel grau mit orangefarbenem Rand.

Lebensraum Offene Feuchtgebiete wie Sümpfe und Feuchtwiesen oder Auen in Europa (mit Ausnahme der Mittelmeerregionen und Skandinaviens) und in den gemäßigten Zonen Asiens.

Lebensweise Dieser relativ seltene Tagfalter liebt den Nektar von Blütenpflanzen und ist durchaus bereit, sich für die Futtersuche weit von seinem Herkunftsort zu entfernen. Die Fraßpflanzen der Raupen sind wilde Ampferarten *(Rumex spec.)*. Der Große Feuerfalter fliegt in zwei Generationen pro Jahr (im Südwesten Europas können es manchmal auch drei sein) – von Mai bis Juli und von August bis September.

Am Wasser

Seidenreiher

Erscheinungsbild Der Seidenreiher hat eine sehr schlanke, elegante Silhouette und ein vollkommen weißes Gefieder. Während der Balz gehen zwei sehr feine Schmuckfedern vom Kopf bis zum Nacken. Sein Schnabel ist schwarz, lang und dünn. Typisch für den Seidenreiher sind seine schwarzen Beine mit gelben Zehen.

Lebensraum Er kommt an Seen, Sümpfen, Lagunen und anderen Süßgewässern vor, die tief genug sind, um ihm Fische und Frösche als Nahrung zu bieten.

Verhalten Nicht selten sieht man Seidenreiher in kleinen Gruppen beim Fischfang. In Kolonien nisten sie oft mit anderen Reihern zusammen in Bäumen und Sträuchern.

Leicht zu verwechseln mit: Silberreiher Seine Schwesterart, der Silberreiher, ist viel größer (1 m wie Graureiher) und hat einen kräftigeren gelben Schnabel sowie gelbe Unterschenkel und schwarze Zehen. Im Flug sieht man seine ausgestreckten Beine.

Alpenstrandläufer

Erscheinungsbild Im Frühjahr ist der Alpenstrandläufer an seinem großen schwarzen Bauchfleck zu erkennen. Die Brust ist stark gestreift, die Oberseite des Körpers rotbraun mit schwarzen Flecken. Außerhalb der Balz steht die graue Oberseite des Gefieders im Kontrast zur weißen Unterseite und der gestreiften Brust. Der Schnabel ist lang und gebogen. Im Flug sieht man die weiß gestreiften Flügel und den weißen Schwanz mit schwarzem Mittelstreif.

Lebensraum Im Frühjahr hält sich der Alpenstrandläufer in Mooren und Sümpfen auf. Im Winter findet man ihn an Küsten und Teichen.

Verhalten Typisch für ihn ist sein Balzverhalten: Das Männchen steigt auf, fliegt im Rüttelflug und stößt einen lauten Schrei aus. Außerhalb der Balz bewegen sich Alpenstrandläufer in großen Gruppen mit Tausenden Individuen, die im Schlamm nach Nahrung suchen.

Wissenswertes Die Art ist in Europa bedroht, auch wenn sie der häufigste europäische Watvogel ist.

Kanadagans

Erscheinungsbild Kanadagänse sind größer als Graugänse. Man erkennt sie an ihrem schwarzen Kopf und Hals, die im Kontrast zu den weißen Wangen und der weißen Brust stehen. Der Rücken ist braun und der Bauch hellbraun.

Lebensraum Mittlerweile brütet die Kanadagans auch in Mitteleuropa. Sie ist an den Ufern von Seen und Flüssen und manchmal auch auf Feldern in der Nähe von Feuchtgebieten zu finden. Man kann Kanadagänse oft in Parks sehen, wo sie unter kontrollierten Bedingungen leben.

Verhalten Sie nisten in Gruppen.

Wissenswertes Die Kanadagans stammt aus Nordamerika und wurde in europäischen Parks angesiedelt. Die Art verbreitete sich durch entflohene Individuen aus Großbritannien und Schweden. Es gibt auch Mischformen zwischen der Kanada- und der Graugans.

Haubentaucher

Erscheinungsbild Im Prachtkleid hat der Haubentaucher einen roten Kragen und eine schwarze Haube, der er seinen Namen verdankt. Die Augen sind rot, die Wangen und der Hals sind weiß. Der Rücken ist dunkelbraun, der Bauch weiß und die Flanken sind rostbraun. Außerhalb der Balzzeit ist der Haubentaucher an seiner schlanken Silhouette, der kleinen Haube auf dem Kopf und dem langen, spitzen rosa Schnabel zu erkennen.

Lebensraum Er kommt auf Süßgewässern (Seen, Teiche und Flüsse) vor.

Verhalten Beim Fischfang kann er sehr lange unter Wasser tauchen.

Wissenswertes Die Balz der Haubentaucher ist äußerst elegant: Männchen und Weibchen stehen einander in einer synchronen Choreografie gegenüber, bei der sie den Kopf schütteln, aufstehen, abtauchen, sich Geschenke wie Pflanzen anbieten etc.

Seidenreiher

Seidenreiher   Silberreiher

Prachtkleid

Alpenstrandläufer

Schlichtkleid

Kanadagans

im Prachtkleid
mit Jungvögeln

Haubentaucher

bei der Balz

im Schlichtkleid

Am Wasser

Stockente

 92 cm

 Brutzeit J F M A M J J A S O N D

Erscheinungsbild Bei der Balz hat das Männchen der Stockente einen grünen Kopf mit blauem Schimmer, der durch einen weißen Halsring von der braunen Brust getrennt wird. Der Schnabel ist orangegelb und die Beine sind leuchtend orange. Der Rest ist graubeige – mit Ausnahme des schwarz-weißen Schwanzes. Das Weibchen trägt viel dezentere braune Flecken, doch der Schnabel und die Beine sind leuchtend orange und es hat einen blauen Flügelspiegel.

Lebensraum Stockenten sind an Seen, Sümpfen und Mündungen sowie in Stadtparks mit Gewässern zu finden.

Verhalten Beim »Tauchen« halten sie lediglich den Kopf ins Wasser, der Bürzel bleibt an der Oberfläche: Diese Haltung nennt man »gründeln«. Am leichtesten sind Stockenten im Winter zu beobachten, wenn sie sich auf dem Wasser zur Balz zusammenfinden.

Pfeifente

 51 cm

 Brutzeit J F M A M J J A S O N D

Erscheinungsbild Im Frühjahr sind der Kopf und die Brust des Pfeifenten-Männchens rot und die Stirn hellgelb. Der restliche Körper ist grau. Die weißen Flügeldeckfedern auf der Oberseite der Flügel sind im Flug gut sichtbar. Der Schwanz ist sehr spitz. Außerhalb der Balz ist das Männchen hauptsächlich ziegelrot und die Stirn ist nicht mehr gelb. Das Weibchen trägt ein viel unauffälligeres Braun und hat nur den graublauen Schnabel mit schwarzer Spitze mit dem Männchen gemeinsam. Alle Individuen haben einen hellen Bauch.

Lebensraum Sie kommen an Süßwasserseen, Flüssen, Stränden, Mündungen und Feuchtwiesen vor, aber nie auf dem offenen Meer.

Verhalten Sie leben immer in Gruppen. Typisch für die Pfeifente ist ihr Flug mit plötzlichen Kehrtwendungen und Höhenänderungen.

Wissenswertes Ihren Namen verdankt sie ihrem melodiösen Ruf, der hauptsächlich bei Sonnenauf- und -untergang zu hören ist.

Höckerschwan

 2,40 m

 Brutzeit J F M A M J J A S O N D

Erscheinungsbild Der Höckerschwan gehört zu den bekanntesten Vogelarten, die man das ganze Jahr über leicht erkennen kann. Sein vollkommen weißes Gefieder und seine elegante Form mit langem s-förmigen Hals zeichnen ihn aus. Beim Schwimmen hebt er oft die Armschwingen an. Sein Schnabel ist orange mit einem schwarzen Höcker an der Basis. Im Flug streckt er wie eine Gans den Hals nach vorne und erzeugt durch das Schlagen der Flügel ein typisches pfeifendes Geräusch.

Lebensraum Er kommt in Parks mit Gewässern, an Seen, Teichen und Flüssen vor.

Verhalten Er ist nicht scheu, bewegt sich oft in Gruppen und teilt seinen Lebensraum gern mit anderen Arten. Bei der Nahrungssuche taucht er nur den Kopf und den Hals ins Wasser.

Leicht zu verwechseln mit: Zwergschwan Der Zwergschwan zeichnet sich durch seinen geraden (nicht s-förmigen) Hals und vor allem durch seinen Schnabel mit gelber Basis und schwarzer Spitze aus.

Blesshuhn

 38 cm

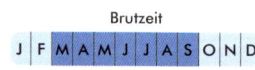 Brutzeit J F M A M J J A S O N D

Erscheinungsbild Männliche wie weibliche Blesshühner haben ein dunkelgraues Gefieder und einen weißen Schnabel mit weißer Blesse. Die Augen sind dunkelrot, die Beine gelb und die Zehen blau.

Lebensraum Es lebt an Seen, Teichen und Flüssen im Grünen.

Verhalten Meistens kann man es in Gruppen beobachten, nur in der Brutzeit kann es bei der Verteidigung seines Nestes aggressiv sein. Typisch für das Blesshuhn ist sein Abflug: Es nimmt über mehrere Meter Anlauf, indem es mit den Füßen kräftig auf die Wasseroberfläche schlägt.

Leicht zu verwechseln mit: Teichralle Ihr Gefieder ist ebenfalls schwarz, doch der untere Rücken ist braun und sie trägt eine deutlich sichtbare weiße Flügelbinde. Der Schnabel und die Stirnplatte sind rot und die Schnabelspitze ist gelb. Sie kommt an Gewässern, aber auch auf Rasenflächen und in Parks vor.

Pfeifente

Männchen

Weibchen

Männchen

Stockente

Weibchen

Höckerschwan

Blesshuhn

Zwergschwan

Teichralle

Am Wasser

Knäkente

Knäkente im Flug

Krickente

Erscheinungsbild Typisch für das Männchen der Knäkente ist das Prachtkleid mit dem breiten weißen Streif, der vom Auge bis zum Nacken reicht. Der Rest des Kopfes, des Halses und der Brust ist dunkelbraun, wozu der hellgraue Bauch einen Kontrast bildet. Das Weibchen trägt ebenfalls die beiden weißen Flügelbinden, die im Flug gut sichtbar sind, und einen matteren weißen Streif am Kopf.

Lebensraum Die Knäkente kommt an Seen und Sümpfen vor.

Verhalten Sie fliegt von August bis September nach Afrika und kehrt zwischen Ende Februar und Ende April zurück. Knäkenten sieht man nur selten in großen Gruppen.

Nicht zu verwechseln mit: Krickente Das Männchen trägt ein unverwechselbares Prachtkleid mit leuchtend gelbem Bürzel und rotem Kopf mit grüner, weiß umrandeter »Maske«. Die Brust ist rosa und das restliche Gefieder grau. Außerhalb der Balzzeit erkennt man die Art im Flug an ihrem grünen Flügelspiegel, der von 2 weißen Flügelbinden eingefasst wird.

Eisvogel

Erscheinungsbild Der Eisvogel ist relativ klein (etwa so groß wie ein Spatz). Häufig sieht man nur eine kleine türkisfarbene Kugel, die über das Wasser saust. Man erkennt ihn an seinem kobaltblauen bis türkisfarbenen Rücken und Bürzel. Kehle und Wangen sind weiß. Der gesamte Bauch ist orangerot. Der schwarz-orangefarbene Schnabel ist lang und spitz.

Lebensraum Er ist an fischreichen Gewässern und starken Strömungen (Teichen, Seen, Flüssen und Bächen) zu finden. Im Winter kann man ihn an der Küste sehen.

Verhalten Dem überaus scheuen Vogel kann man sich nicht nähern. Er sitzt gern auf Zweigen über der Wasseroberfläche. Der Eisvogel hält Ausschau, taucht blitzartig unter Wasser und kommt mit seiner Beute im Schnabel wieder zum Vorschein.

Wissenswertes Während der Brutzeit kann ein erwachsener Eisvogel für seine Jungen bis zu 70 Fische pro Tag fangen.

Kormoran

1,50 m

Brutzeit
J F M A M J J A S O N D

Erscheinungsbild Das Gefieder des Kormorans ist schwarz mit metallisch grünem oder bläulichem Glanz. Der lange Schnabel ist an der Spitze nach unten gekrümmt und hat einen gelben Fleck an der Basis. Bei der Balz sind der Hals und die oberen Beine gräulich.

Lebensraum Er ist in Kolonien, an Felsküsten und Flüssen sowie auf Bäumen an Seen und Flüssen zu finden.

Verhalten Beim Fliegen streckt er den Hals gerade nach vorne. Gruppen fliegen in V-Formation in großer Höhe. Der Kormoran kann hervorragend fischen und tief und lange unter Wasser tauchen. Den Tauchgang beginnt er mit einem kleinen Sprung. Man kann oft beobachten, wie er auf einem Pfahl seine Flügel trocknet und ausstreckt.

Wissenswertes In Asien werden Kormorane für den Fischfang eingesetzt: Sie tragen einen Halsring und müssen ihren Fang an Bord wieder herauswürgen. Ein Kormoran fängt 250 kg Fisch pro Jahr. Durch seine Vermehrung werden verschiedene seltene Arten bedroht.

Lachmöwe

im Prachtkleid

36 cm

Brutzeit
J F M A M J J A S O N D

Erscheinungsbild Das Gefieder der Lachmöwe ist auf dem Rücken silbergrau und an den Flügelspitzen schwarz. Brust und Bauch sind immer weiß. Der rote Schnabel hat eine schwarze Spitze. Bei der Balz ist der Kopf bis zum Hals schwarz. Außerhalb dieser Zeit ist der Kopf weiß und auf den Wangen hat sie einen schwarzen, kreisförmigen Fleck hinter dem Auge. Im Flug sieht man die schwarzen Handschwingen mit einem weißen Flügelvorderrand (auf der Ober- und Unterseite).

Lebensraum Lachmöwen sind an Küsten und in der Nähe von Binnengewässern (Seen, Teiche etc.) zu finden. Man kann sie auch auf Feldern beobachten.

Verhalten Lachmöwen sind oft in großen Gruppen zu sehen. Sie sind nicht menschenscheu und suchen ihre Nahrung auch auf Mülldeponien. Sie können bis zu 30 Jahre alt werden.

Am Wasser

Kapitel 3
Im Wald

Ein Waldspaziergang, bei dem man die hohen Bäume bestaunt … Wer in die Wälder vordringt, durchschreitet eine neue Welt, ein ganzes Universum, das sich von den Wurzeln bis zu den Baumkronen erstreckt und den Lebensraum für zahlreiche Insekten, Vögel und Säugetiere darstellt. Da würde man gern selbst hinaufklettern, um im Kreise dieser Waldbewohner auf einem Ast zu schaukeln.

Wenn man den Wald betritt, sieht man zunächst nichts Auffälliges, doch man hört eine verblüffende Vielfalt von Geräuschen. Auf dem Boden knacken tote Zweige, Laub raschelt, ein Vogel hämmert mit seinem Schnabel gegen einen Baumstamm … Hier regt sich eine Menge Leben – gern würde man hier eine Hütte bauen.

Hören Sie auf den Ruf des Waldes. Was ist das für ein Baum, der seine Wurzeln in die Erde gräbt und an dessen Ästen so zarte Blüten hängen? Und der Vogel, der dort oben zwitschert? Und diese Pilze unter dem Laub – kann man die essen?

Eibe
Taxus baccata

| EIBEN-GEWÄCHSE | | | | Blütezeit  |

Erscheinungsbild Die Eibe ist von mittlerer Größe und hat einen kurzen, knorrigen Stamm. Sie kann bis zu 25 Meter hoch werden, ist jedoch meist kleiner. Eiben können mehrere Tausend Jahre alt werden. Die rötlich-braune Rinde ist fein geschuppt. Die dunkelgrünen Blätter sind sehr klein (ca. 2 x 30 mm), fest, aber biegsam, leicht gekrümmt und von kräftiger Farbe. Sie wachsen an den Hauptästen ringsherum und an den Nebenästen seitlich. Die Früchte der Eibe sind kleine rote Beeren, deren Kern gut sichtbar ist.

Standort Die Eibe war in Deutschland früher weit verbreitet, heute findet man natürliche Vorkommen nur noch in wenigen Gebieten. Häufig wird sie jedoch als Zierpflanze verwendet.

Vorsicht! Alle Teile dieses Baumes sind sehr giftig. Vögel verzehren allerdings das Fruchtfleisch. Früher waren Eiben weit verbreitet, wurden jedoch oft gerodet, um das Vieh zu schützen und das äußerst harte Holz dieses Baumes zu gewinnen. Heute gibt es zahlreiche Maßnahmen zu ihrem Schutz.

Strandkiefer
(Seekiefer)
Pinus pinaster

| KIEFERN-GEWÄCHSE | | | Blütezeit  |

Erscheinungsbild Manchmal wächst die Strandkiefer schräg und, besonders im hohen Alter, unregelmäßig. Sie wird bis zu 30 Meter hoch. Die Rinde ist von dunklem Graubraun. Im Lauf der Jahre bildet sie Risse und große Schuppen. Die Nadeln wachsen paarig. Sie sind steif, sehr lang (10 bis 25 cm) und von grüner bzw. graugrüner Farbe. Die gelb-orangefarbenen Blüten öffnen sich im Frühjahr. Die Zapfen sind 10 bis 20 cm lang, schmal, von rotbrauner Farbe und bleiben 2 Jahre am Baum.

Standort Natürliche Vorkommen von Strandkiefern finden sich im westlichen Mittelmeerraum. Die Strandkiefer wird auch angepflanzt, verträgt jedoch keine niedrigen Temperaturen.

Wissenswertes Strandkiefern eignen sich auch zur Befestigung von sumpfigem Hinterland an der Küste, in Frankreichs Südwesten werden sie etwa seit dem 19. Jahrhundert zu diesem Zweck gepflanzt.

Espe
(Zitterpappel)
Populus tremula

| WEIDEN-GEWÄCHSE | | | Blütezeit  |

Erscheinungsbild Die Espe ist langgestreckt und wächst aufrecht. Sie wird bis zu 30 Meter hoch, erreicht jedoch kein hohes Lebensalter. Sie bildet zahlreiche Jungtriebe. Bei jungen Bäumen ist die Rinde glatt und von gedecktem Weiß. Im Lauf der Jahre wird sie grau und unregelmäßig und bildet rautenförmige Aufsprünge. Die Blätter sind klein (4 bis 8 cm), im Frühjahr kupferfarben, im Sommer dunkelgrün und im Herbst gelb. Am Rand tragen sie unregelmäßige, große, abgerundete Zacken. Die Knospen sind lang und spitz und wachsen abwechselnd auf beiden Seiten der Zweige. Die Blüten erinnern an Kornähren. Die männlichen sind rötlich und die weiblichen grauweiß. Die Früchte sind weiß und behaart und werden vom Wind verstreut.

Standort Die Espe ist in ganz Deutschland verbreitet. Sie ist vor allem in Jungwäldern und an Waldrändern anzutreffen. In Bergregionen dringt sie bis auf 2000 Meter Höhe vor.

Wissenswertes Die Espe heißt auch Zitterpappel, weil sich ihre Blätter schon beim geringsten Windhauch bewegen.

Haselnussbaum
Corylus avellana

| BIRKEN-GEWÄCHSE | | |  | Blütezeit  |

Erscheinungsbild Die Hasel bildet Büsche oder kleine Bäume mit bis zu 15 Metern Höhe. Sie hat für gewöhnlich mehrere Stämme, die einer gemeinsamen Basis entspringen und aufrecht wachsen. Die Rinde ist glatt, von bräunlicher Farbe und bildet im Lauf der Zeit Risse. Die Blätter sind rund, weich und stark gezackt. Das obere Ende läuft spitz zu. Die gelblichen, nach unten hängenden Blüten öffnen sich am Ende des Winters, lange bevor die Blätter sprießen. Die Haselnüsse werden von einer fleischigen Hülle geschützt. Für Nagetiere und Vögel sind sie ein Leckerbissen.

Standort Der Haselnussbaum ist weit verbreitet. Man findet ihn in Wäldern, in Hecken und manchmal auch im Niederwald. Zum Gedeihen braucht er nährstoffreiche Böden.

Wissenswertes Der Haselnussbaum ist eine »magische« Pflanze und spielt in zahlreichen Mythen eine Rolle. Druiden und Zauberer verwendeten seine Zweige, und manchen Sagen zufolge machten Hexen daraus ihre Besen.

Im Wald

Sommerlinde
Tilia platyphyllos

MALVEN-GEWÄCHSE 40 m L

Blütezeit: J F M A M J J A S O N D

Erscheinungsbild Dieser majestätische Baum bildet eine ausladende Krone und wird bis zu 40 Meter hoch. Bei jungen Bäumen ist die Rinde grau und glatt, an älteren Exemplaren bilden sich schmale vertikale Furchen. Die Blätter sind groß (8 bis 10 cm), rund und gezackt. Das obere Ende läuft spitz zu. Sie sind dunkelgrün und tragen einen leichten Flaum. Die Blüten haben fünf Blütenblätter, sind weiß und gelb, hängen nach unten und verströmen einen starken Duft. Die Früchte sind klein und rund, besitzen fünf Rippen und sind leicht behaart.

Standort Die Sommerlinde kommt in ganz Deutschland sowie in Mittel- und Südeuropa vor. Sie wächst relativ selten wild und ist meist in Gärten oder Parks zu finden.

Wissenswertes In vielen Orten Deutschlands gab es früher sogenannte Gerichtslinden, unter denen im Mittelalter das Dorfgericht abgehalten wurde. Aus den Blüten der Linde lässt sich ein wohlschmeckender Tee zubereiten.

gerippte Früchte

glatte Früchte

Winterlinde
Tilia cordata

MALVEN-GEWÄCHSE 30 m L

Blütezeit: J F M A M J J A S O N D

Erscheinungsbild Die Winterlinde ist ein sehr stattlicher Baum mit ausladender Krone und wird bis zu 30 Meter hoch. Bei jungen Bäumen ist die Rinde grau und glatt, bei älteren Exemplaren bilden sich schmale vertikale Furchen. Die Blätter sind kleiner als die der Sommerlinde (bis zu 8 cm). Sie sind rund und gezackt, und das obere Ende läuft spitz zu. Sie sind kaum behaart und tragen nur einen leichten Flaum an den Verzweigungen der Blattadern. Die Blüten haben fünf Blütenblätter und verströmen einen starken Duft. Die Früchte sind klein, rund und weisen keine Rippen auf.

Standort Die Winterlinde ist in ganz Deutschland verbreitet. Sie bevorzugt Halbschatten und nährstoffreiche Böden, verträgt jedoch kein heißes Klima. Oft wird sie in Gärten und Parks angepflanzt.

Wissenswertes Die Winterlinde ist leicht mit der Sommerlinde zu verwechseln, vor allem, weil sich beide Arten auch kreuzen können. Die Früchte der Winterlinde haben keine Rippen, ihre Blätter sind kleiner und deutlich weniger behaart.

Mehlbeere
Sorbus aria

ROSEN-GEWÄCHSE 20 m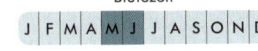

Erscheinungsbild Die Mehlbeere ist ein kleiner Baum mit kurzem Stamm. Sie wird bis zu 20 Meter hoch. Bei jungen Bäumen ist die Rinde grau. Im Lauf der Zeit bildet sie Furchen aus. Die Blätter sind breit, ca. 10 cm lang, gezackt und auf der Oberseite grün. Auf der weiß behaarten Unterseite treten die Blattadern deutlich hervor. Die weißen Blüten liegen an den Enden der Äste und öffnen sich im Frühjahr. Die roten Früchte wachsen in Trauben. In ihrem Inneren befinden sich jeweils zwei Kerne, umhüllt von gelbem, mehligem Fruchtfleisch. Sie sind essbar, für den Menschen jedoch nicht schmackhaft. Bei Vögeln sind sie dagegen sehr beliebt.

Standort Die Mehlbeere ist in ganz Deutschland verbreitet, vor allem in Mittelgebirgsregionen.

Wissenswertes Nach dem ersten Frost kann man die roten Früchte ernten und daraus Marmelade herstellen.

Oberseite   Unterseite

Edelkastanie
Castanea sativa

BUCHEN-GEWÄCHSE 35 m

Erscheinungsbild Die Edelkastanie ist ein großer, ausladender Baum, der bis zu 35 Meter hoch wird. Manche Exemplare werden mehrere Tausend Jahre alt. Bei jungen Pflanzen ist die Rinde glatt und braun-grün. Mit der Zeit wird sie dunkelbraun und bildet vertikale Risse. Bei älteren Pflanzen verdrehen sich bisweilen die Äste und der Stamm. Die Blätter sind länglich, vergleichsweise schmal und am ganzen Rand spitz gezackt. Die Früchte werden von einer stacheligen hellgrünen Schale geschützt, die sich mit der Zeit braun färbt. Besonders Wildschweine fressen Kastanien sehr gern.

Standort Das natürliche Verbreitungsgebiet der Edelkastanie ist der Mittelmeerraum. Obwohl sie wärmeliebend ist, gibt es auch in Deutschland einige regionale Bestände.

Wissenswertes Die Edelkastanie wird seit der Antike auch angepflanzt. In manchen Regionen hat sie Getreide als Grundnahrungsmittel ersetzt.

Im Wald

Hainbuche
Carpinus betulus

BIRKEN-
GEWÄCHSE

Erscheinungsbild Die Hainbuche ist ein typischer Waldbaum. Sie wird bis zu 30 Meter hoch, hat dünne Äste und ragt meist hoch auf. Die Rinde ist glatt, grau-braun und horizontal gemasert, bildet mit der Zeit aber auch vertikale Furchen. Die Blätter sind an die 10 cm lang, stark gezackt und laufen oben spitz zu. Die Blattadern sind stark ausgeprägt. Die Blüten sind im Frühjahr gelb und hängen nach unten. Die Samenkörner sind grün und oval und sitzen in kleinen Deckblättern, die dreilappig und ca. 3 cm lang sind.

Standort Die Hainbuche ist in ganz Deutschland, Europa und Westasien zu finden. Sie verträgt warme Sommer, aber auch ungewöhnlich niedrige Temperaturen.

Wissenswertes Das harte Holz der Hainbuche wird gerne zur Herstellung von Gebrauchsgegenständen verwendet, eignet sich aber auch hervorragend als Brennholz.

Holzapfel
(Wildapfel, Krabapfel)
Malus sylvestris

ROSEN-
GEWÄCHSE

Erscheinungsbild Der Holzapfel ist ein kleiner Baum mit unregelmäßigem Wuchs, der bis zu 16 Meter hoch wird. Junge Exemplare wachsen manchmal strauchartig und tragen Dornen. Die Rinde ist braun und geschuppt, mit vertikalen Furchen. Die Blätter haben abgerundete Zacken, sind von leuchtendem Grün und brüchig. Sie werden höchstens 6 cm groß und sind fast nicht behaart. Die Blüten sind weiß-rosa, je nach Unterart. Die Früchte sind hart und klein, mit einem Durchmesser von nicht mehr als 6 cm, und schmecken sehr säuerlich. Im Winter fallen sie zu Boden, wo Vögel und Wildschweine sich daran gütlich tun.

Standort Der Holzapfel wächst in Wäldern und Gehölzen bis auf einer Höhe von 1100 Metern. Sein Hauptverbreitungsgebiet sind die Tieflandgebiete Mitteleuropas.

Wissenswertes Der Holzapfel, wie er heute bei uns wächst, ist vermutlich nicht der Vorläufer unseres Kulturapfels. Genetische Untersuchungen zeigen, dass dieser von Varietäten abstammt, die ihren Ursprung in Kasachstan haben.

Steineiche
Quercus ilex

BUCHEN-
GEWÄCHSE

Erscheinungsbild Die Steineiche ist von mittlerer Größe und wird bis zu 25 Meter hoch. Manche Exemplare werden über tausend Jahre alt. Die Rinde ist grau-schwarz und bildet im Lauf der Jahre Risse. Die Blätter sind dunkelgrün und oval und können unterschiedlich groß sein. Junge Blätter haben spitze Zacken. Die Unterseite ist behaart und pastellgrün. Die Früchte der Steineiche sind 1,5 bis 3 cm lang und werden von einem glatten Fruchtbecher geschützt. Sie wachsen jeweils paarweise an einem kurzen Stiel.

Standort Die Steineiche ist hauptsächlich im Mittelmeerraum zu finden, aber etwa auch an der französischen Atlantikküste. In Deutschland gedeiht sie dagegen nur in sehr milden Regionen. Weil sie nicht leicht in Brand gerät, wird sie oft zur Aufforstung verwendet.

Wissenswertes Mit der Steineiche verwandt ist die Korkeiche, deren Rinde vor allem für die Herstellung von Flaschenkorken verwendet wird.

Vogelkirsche
Prunus avium

ROSEN-
GEWÄCHSE

Erscheinungsbild Wenn sie Platz hat, entwickelt sich die Vogelkirsche zu einem ausladenden Baum, wobei die Zweige nach unten wachsen. Sie wächst schnell und wird bis zu 30 Meter hoch, erreicht jedoch kein hohes Alter. Die Rinde ist grau, schimmert rötlich und löst sich in horizontalen Streifen ab. Die Blätter sind groß, bis zu 10 cm lang, gezackt und mattgrün. Der Stiel ist vergleichsweise lang. Am Blattansatz liegen zwei rote Nektardrüsen. Die Vogelkirsche bildet ausnehmend viele weiße Blüten. Die Früchte der Wilden Vogelkirsche schmecken bittersüß und sind bei Vögeln sehr beliebt.

Standort Die Vogelkirsche ist in ganz Deutschland und im gemäßigten Europa beheimatet. Man findet sie oft in Gärten und Obstplantagen.

Wissenswertes Die Bäume, die Süßkirschen tragen, sind gezüchtete Varietäten der Vogelkirsche. Ihre Früchte sind größer und resistenter gegen Krankheiten.

Im Wald

Buchsbaum
Buxus sempervirens

BUCHSBAUM-GEWÄCHSE

Erscheinungsbild Der Buchs ist ein kleiner Baum, der oft strauchförmig wächst und bis zu 12 Meter hoch wird. Sein Laubwerk ist sehr dicht, Stamm und Äste sind gewunden. Er wächst sehr langsam und kann mehrere Hundert Jahre alt werden. Die Rinde ist grau-beige, rau und rissig. Die Blätter haben keinen Stiel und sind klein, je nach Standort 1 bis 3 cm. Sie sind oval, hart, glatt und von leuchtender Farbe, hellgrün bei jungen Pflanzen, dunkelgrün bei älteren. Die Früchte sind Kapseln, die erst grün sind und dann braun werden. Sie haben drei »Hörner« und einen Durchmesser von etwa 10 mm.

Standort Den Buchsbaum findet man vor allem in Parks und Gärten, wo er oft zu Hecken zurechtgeschnitten wird. Beheimatet ist er in Südeuropa, in Deutschland dagegen kommt er so gut wie nirgendwo natürlich vor.

Wissenswertes Die Raupe des Buchsbaumzünslers, einer Schmetterlingsart, verursacht in ganz Europa schwere Schäden an Buchsbaumbeständen.

Stieleiche
(Sommereiche)
Quercus robur

BUCHEN-GEWÄCHSE

Erscheinungsbild Die Stieleiche ist von stattlichem Wuchs, wird bis zu 35 Meter hoch und kann mehrere Tausend Jahre alt werden. Ihre Äste sind krumm und unregelmäßig, und das Laub wächst in Büscheln. Die Rinde ist anfangs grau und glatt. Mit den Jahren bildet sie stark ausgeprägte rötliche Risse. Die Blätter sind dunkelgrün und weisen am Rand tiefe Einbuchtungen auf. Diese sind rundlich, unregelmäßig und sehr charakteristisch. Die Blätter haben keinen oder nur einen sehr kurzen Stiel. Eine Stieleiche bildet erst nach etwa sechzig Lebensjahren Früchte. Diese sind 1,5 bis 3 cm groß und hängen an einem langen Stiel (daher auch der Name des Baumes).

Standort Die Stieleiche ist in ganz Europa weit verbreitet und fehlt nur in manchen südlichen Regionen. Sie wächst bis zu einer Höhe von 1000 Metern.

Wissenswertes Weil das Holz der Stieleiche reich an Tanninen ist, wird es zur Herstellung von Weinfässern verwendet.

Salweide
Salix caprea

WEIDEN-GEWÄCHSE

Erscheinungsbild Die Salweide ist ein mittelgroßer Baum, dessen gebogene Äste eine kuppelförmige Krone bilden und der bis zu 20 Meter hoch wird. Sie wächst schnell, erreicht aber kein hohes Alter. Am Stamm ist die Rinde anfangs glatt und graugrün, wird mit der Zeit jedoch grau und bildet Risse sowie rautenförmige Aufsprünge. Die Blätter sind größer als die anderer Weidenarten. Die Oberseite ist brüchig, die Unterseite mit grauen Härchen besetzt. Die Blätter sind am Rand gezackt, oben laufen sie spitz zu. Sowohl die männlichen als auch die weiblichen Exemplare bilden gelblich silberfarbene Kätzchen. Die Frucht besteht aus einer Traube von Kapseln, die jeweils winzige Samenkörner enthalten. Diese tragen weiche Fäden und werden vom Wind verteilt.

Standort Die Salweide ist in ganz Deutschland und Europa verbreitet. Sie wächst bis auf 2000 Meter Höhe.

Wissenswertes Die frühe Blütezeit der Salweide kommt vor allem den Bienen zugute.

Traubeneiche
(Wintereiche)
Quercus petraea

BUCHEN-GEWÄCHSE

Erscheinungsbild Die Traubeneiche ist ein großer Baum mit einem Stammdurchmesser von bis zu 1 Meter und einer Höhe von bis zu 40 Meter. Sie kann mehrere Hundert Jahre alt werden. Die Äste und das Laubwerk sind regelmäßiger als bei der Stieleiche. Wie bei der Stieleiche ist die Rinde anfangs grau und glatt und bildet im Lauf der Jahre stark ausgeprägte rötliche Risse. Die Blätter sind dunkelgrün und haben rundliche Lappen, die Einbuchtungen sind jedoch nicht so tief wie bei der Stieleiche. Die Blattstiele sind 1 bis 2 cm lang. Anders als die Früchte der Stieleiche besitzen die Eicheln der Traubeneiche keinen Stiel, sondern sitzen direkt auf den Zweigen.

Standort Die Traubeneiche ist in ganz Deutschland und Mitteleuropa verbreitet. In den Bergen wächst sie bis zu einer Höhe von 1600 Metern.

Wissenswertes Eichenholz war früher das wichtigste Material für den Bau von Schiffen und von Dachstühlen großer Gebäude.

Esche

Fraxinus excelsior

 ÖLBAUMGEWÄCHSE  40 m L Blütezeit J F M A M J J A S O N D

Erscheinungsbild Die Esche ist ein großer, eindrucksvoller Baum mit lichtem Laubwerk. Sie wird bis zu 40 Meter hoch. Die Rinde ist hellgrau und rau, mit feinen, sich kreuzenden Rissen. Die zusammengesetzten Blätter sind groß und bestehen aus etwa einem Dutzend Blättchen. Diese sind dunkelgrün und gezackt, auf der zentralen Blattader behaart und laufen oben spitz zu. Die Knospen sind schwarz und fast das ganze Jahr über zu sehen. Die Blüten sind purpurrot und wachsen jeweils an der Spitze des Zweiges. Die Früchte sind kleine, grünbraune, flache Körner, die von einem 3 bis 4 cm langen Flügel umschlossen sind, der der Verteilung der Frucht durch den Wind dient.

Standort Die Esche ist in Deutschland sowie ganz Mitteleuropa verbreitet.

Wissenswertes Das harte Holz der Esche wird im Kunsthandwerk sowie zur Herstellung von Werkzeuggriffen verwendet. Aus den Blättern kann ein Tee zubereitet werden, der bei Harnwegsbeschwerden sowie Gelenkschmerzen verwendet werden kann.

Feldahorn
(Maßholder)

Acer campestre

 SEIFENBAUMGEWÄCHSE 15 m L Blütezeit J F M A M J J A S O N D

Erscheinungsbild Der Feldahorn ist ein Baum von mittlerer Größe mit sehr vielen Zweigen und wird bis zu 15 Meter hoch. Die Rinde ist von hellem Graubraun und bildet kleine, rechteckige Schuppen. Die Blätter sind dunkelgrün, relativ klein (8 x 10 cm) und haben drei bis fünf Lappen, deren Enden stumpf sind. Die Blattunterseite ist hell und entlang der Adern leicht behaart. Die Blüten sind gelblich grün und öffnen sich im Frühjahr, wenn auch die Blätter sprießen. Die Früchte bestehen aus kleinen Samenkörnern, die paarweise wachsen und jeweils in einen rot-grünen Flügel gehüllt sind. Wenn sie vom Baum fallen, drehen sie sich. Dadurch fallen sie langsamer und der Wind kann sie über weitere Entfernungen tragen.

Standort Der Feldahorn ist in Deutschland weit verbreitet und vor allem in der Ebene und im Hügelland zu finden.

Wissenswertes Der volkstümliche Name »Maßholder« verweist auf den holunderartigen Wuchs des Feldahorns.

Spitzahorn
Acer platanoides

 SEIFENBAUM-GEWÄCHSE 30 m L   Blütezeit 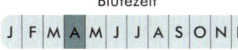 J F M A M J J A S O N D

Erscheinungsbild Der Spitzahorn ist ein großer Baum mit dichtem, regelmäßigem Wuchs. Er wächst schnell und wird bis zu 30 Meter hoch. Die Rinde ist grau, mit schmalen vertikalen Rillen. Die Blätter sind dunkelgrün und stehen sich an den Zweigen jeweils paarweise gegenüber. Sie sind gezackt, und jeder Zacken besitzt eine faserige Spitze. Im Herbst werden sie gelborangefarben. Die Blüten sind klein und gelb und öffnen sich im Frühjahr, wenn auch die Blätter sprießen. Die Früchte bestehen aus kleinen, flachen Samenkörnern, die paarweise wachsen und jeweils von einem Flügel umhüllt sind.

Standort Der Spitzahorn wird oft in Parks und Gärten angepflanzt. In der Natur findet er sich in der Ebene, im Hügelland und im niedrigen Bergland.

Wissenswertes Das Laubwerk erinnert stark an den Zuckerahorn, das Wahrzeichen Kanadas, aus dem Ahornsirup gewonnen wird.

Bergahorn
Acer pseudoplatanus

 SEIFENBAUM-GEWÄCHSE 40 m L   Blütezeit  J F M A M J J A S O N D

Erscheinungsbild Der Bergahorn ist ein großer, hoch aufragender Baum, der schnell wächst und bis zu 40 Meter hoch wird. Seine Äste wachsen gerade, und die Krone ist stark verzweigt. Die Rinde ist grau und anfangs glatt, bildet im Lauf der Jahre jedoch Risse und kleine Schuppen. Die Blätter sind groß, unregelmäßig gezackt und wachsen paarweise einander gegenüber. Manchmal sind die Zacken stumpf. Wenn die Blätter sprießen, sind sie orangefarben, dann blassgrün und schließlich dunkelgrün. Die Früchte sind grünbraun und wachsen paarweise. Sie bestehen jeweils aus einem runden Samenkorn, das von einem Flügel umhüllt wird. Dadurch fallen sie langsamer zu Boden und der Wind kann sie über weitere Entfernungen verstreuen.

Standort Der Bergahorn ist in ganz Europa weit verbreitet. Er wird in Parks und Gärten angepflanzt, wächst aber auch in mittleren und höheren Lagen im Gebirge.

Wissenswertes Das harte und gleichmäßige Holz des Bergahorns wird gerne in der Kunstschreinerei und beim Geigenbau verwendet.

Im Wald

Flechten und Moose

Man muss sich zwar ein wenig hinabbeugen, um sie genauer betrachten zu können, aber die Mühe lohnt sich! Flechten und Moose gehören zu den ersten Pflanzen, die auf den Landmassen an der Oberfläche unseres Planeten entstanden sind. Sie gedeihen auch unter extremen Bedingungen und besiedeln häufig noch unbelebte Regionen.

Flechten: Symbiose unter Pflanzen

Flechten sind symbiotische Lebensgemeinschaften zwischen Pilzen und Algen. Der Pilz liefert der Alge die Mineralsalze und das Wasser, das sie braucht, die Alge liefert dem Pilz im Austausch dafür Zucker, den sie mittels Photosynthese produziert. Diese Verbindung ermöglicht den Flechten ein Leben unter extremen Bedingungen (etwa in großen Höhen oder in der Wüste), in Gegenden, in denen weder Pilz noch Alge allein überlebensfähig wären. Auf mineralhaltigen Böden siedeln sich zuerst Flechten und Moose an. Es gibt drei Familien von Flechten. Krustenflechten (1) bedecken den Untergrund ganzflächig wie eine Kruste und sind nur schwer von ihm zu trennen. Blattflechten (2) haben die Form von Messerklingen oder gelappten Blättern und sind an mehreren Stellen mit dem Untergrund verwachsen. Strauchflechten (3) bilden Fäden, die herabhängen oder nach oben wachsen, und sind nur an einer Stelle mit dem Untergrund verwachsen.

Wissenswertes

Über sechs Prozent der Erdoberfläche sind von Flechten bedeckt. Diese können mehrere Tausend Jahre alt werden.

Moose – über 400 Millionen Jahre alt

Moose (4) sind sehr kleine Organismen und bestehen aus Zellen, in denen sie Photosynthese betreiben, bei der sie mithilfe von Lichtenergie die Nährstoffe produzieren, die sie brauchen. Anders als Bäume oder Blumen haben sie jedoch keine spezialisierten Zellen, die Wasser und Nährstoffe vom Boden in die Blätter transportieren. Vielmehr nehmen sie Wasser und Nährstoffe wie ein Schwamm direkt auf. Daher wachsen sie auch nicht in die Höhe – dann bestünde die Gefahr, dass sie vertrocknen. Moose sind mit ihren Haarwurzeln auf dem Untergrund verankert, bestehen aus Stängeln und Blättern und haben manchmal dünne Stiele, an deren Enden Kapseln (5) sitzen, die die Sporen enthalten. Moose sind auf der ganzen Welt verbreitet, vom Äquator bis zu den Polarregionen, außer in den Meeren.

Wissenswertes

Moose können lange Trockenperioden überdauern. Angeblich hat man einmal in einem Herbarium Moose entdeckt, die mehrere Jahre alt waren und nach der Befeuchtung wieder zum Leben erwacht sind!

Edel-Reizker
Lactarius deliciosus

 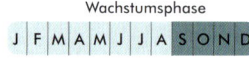

Erscheinungsbild Der Edel-Reizker ist leicht an seinem besonderen Orangeton zu erkennen. Nach und nach bekommt er grüne Flecken, bis er schließlich komplett grün ist. Er besitzt einen konvexen, in der Mitte eingefallenen Hut und dichte orangefarbene Lamellen. Sein kurzer Stiel wird mit dem Alter gänzlich hohl. Das feste, brüchige Fleisch sondert eine eindeutig erkennbare, rötlich gefärbte Milch ab.

Standort Im Gras von Kiefernwäldern.

Vorsicht! Nicht mit einem anderen Reizker, dem Lachs-Reizker *(Lactarius salmonicolor)* verwechseln! Dieser ist nicht essbar, gelber in der Färbung und wird im Alter nicht grün. Ebenfalls nicht mit dem Birken-Milchling *(Lactarius torminosus)* verwechseln mit weißem, filzigem Hut und giftigem Fleisch.

In der Küche Vielleicht macht der *Lactarius deliciosus* seinem Namen keine große Ehre, aber er verfügt über einen sehr starken, harzigen Geschmack, den manche durchaus schätzen.

Semmel-Stoppelpilz
Hydnum repandum

Erscheinungsbild Die eindeutigen Merkmale des Semmel-Stoppelpilzes verhindern jede Verwechslung mit sämtlichen giftigen Arten. Der Hut ist samtig, fleischig, weißlich gefärbt und kompakt. An der Hutunterseite sorgen cremeweiße Stacheln für eine einfache Bestimmung dieses Pilzes. Der Stiel ist dick, an der Bruchstelle verfärbt er sich braun wie das Fleisch; mehrere Stiele können zusammengewachsen sein. Das Fleisch ist relativ geruchsarm und mürbe.

Standort In allen feuchten Laubwäldern.

In der Küche Dieser auch als Schafspilz bekannte Pilz ist eine schmackhafte Beilage für viele Gerichte. Es empfiehlt sich, die Stacheln vor der Zubereitung zu entfernen.

Frost-Schneckling
Hygrophorus hypothejus

 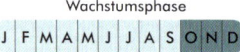

Erscheinungsbild Der Frost-Schneckling ist eine kleine bis mittelgroße Pilzart mit einem Hutdurchmesser von 4–6 cm. Der Hut ist klein, dunkel-olivbraun und teils transparent, sodass die gelblichen Lamellen durchscheinen. Der charakteristische Gelbton, weshalb dieser Pilz auch Gelbblättriger Schneckling genannt wird, findet sich im Stiel wieder (weich und leicht haarig) und wird mit der Zeit dunkelgelb bis orangefarben. Das Fleisch ist zart, süßlich im Geschmack und geruchsneutral.

Standort In Nadelwäldern, insbesondere unter Kiefern und im Gras.

In der Küche Dieser Pilz ist essbar, aber nicht gerade eine Delikatesse.

Schleiereule
(Blaugestiefelter Schleimkopf)
Cortinarius praestans

 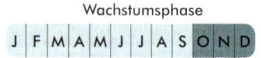

Erscheinungsbild Dieser Pilz ist relativ leicht an seiner Größe zu erkennen, denn er kann bis zu 25 cm hoch werden, wobei der Hut einen Durchmesser von bis zu 30 cm erreicht. Der breite, rot- bis schokoladenbraune Hut ist an den Seiten gerippt. Die Lamellen sind ockerfarben. Der weiß-violette Stiel ist bei jungen Exemplaren von einem Schleier bedeckt. Das feste weiße Fleisch riecht angenehm.

Standort In Buchenwäldern und kalkhaltigen Böden, die Fruchtkörper wachsen meist in kreisförmigen Kolonien.

In der Küche Die Schleiereule ist der schmackhafteste Pilz unter den Schleierlingen. Es empfiehlt sich, eher die jungen Pilze zu verzehren, da das Fleisch zarter ist, und lediglich die Pilzköpfe zu ernten. Sie können ähnlich wie Tomaten gefüllt serviert werden (erst goldbraun anbraten, dann im Ofen garen).

Edel-Reizker

orangefarben mit rötlichem Fleisch

Unterseite des Huts mit kleinen Stacheln

Semmel-Stoppelpilz

Frost-Schneckling

gelblicher Hut und Lamellen

sehr großer Pilz

Schleiereule (Blaugestiefelter Schleimkopf)

Im Wald

Eichen-Leberreischling
Fistulina hepatica

Wachstumsphase
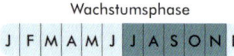

Erscheinungsbild Der Eichen-Leberreischling ist einzig in seiner Art, was die Form betrifft, und kann bis zu 1 kg schwer sein, mit einer Breite von 10–15 cm und einer Länge von 5–20 cm. Der Hut ohne Stiel ist blutrot gefärbt, im Alter wird er bräunlich. Unter dem Hut sitzen feine cremefarbene Röhren, voneinander abgegrenzt wie die Borsten einer Bürste. Das dichte, weiche, schwere Fleisch, sondert beim Schneiden eine rote Flüssigkeit ab.

Standort An den Stämmen von Kastanien oder Eichen, die er befällt.

In der Küche Wenn man ihn früh pflückt und die äußere Hautschicht entfernt, kann man ihn essen.

Gemeines Stockschwämmchen
Kuehneromyces mutabilis

Wachstumsphase

Erscheinungsbild Das Gemeine Stockschwämmchen ist einfach auszumachen: Sein gebuckelter, 2–5 cm breiter honig- oder zimtfarbene Hut ist zu den Rändern hin durchscheinend. Die eng stehenden Lamellen sind zunächst weiß, später braun. Der Stiel ist lang und gebogen, hohl, zur Basis schwarz und unterhalb des Rings mit Schuppen besetzt.

Standort Auf Stümpfen und an Stämmen von Laubbäumen, gelegentlich auch auf Nadelbäumen.

In der Küche Das Gemeine Stockschwämmchen ist ein geschätzter Speisepilz, lecker in Suppen und Saucen.

Austern-Seitling
Pleurotus ostreatus

Wachstumsphase
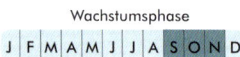

Erscheinungsbild Im Grunde besteht so gut wie keine Verwechslungsgefahr. Der austernförmige Hut (6–12 cm breit) ist feucht und seine Färbung reicht von Dunkelviolett über Grau bis hin zu Hellbraun, die Lamellen sind weiß oder blassrosa. Von einem Stiel ausgehend wachsen Verzweigungen. Das Fleisch ist weiß und fest, Geruch und Geschmack sind angenehm.

Standort Auf Stümpfen oder an Stämmen, wo er büschelweise wächst und sich von einer Stielbasis ausgehend zu den Seiten verzweigt.

In der Küche Austernpilze sind sehr geschätzte und häufig verzehrte Speisepilze, die man auf Pappelholz züchten kann. In Scheiben geschnitten, dünsten Sie ihn in 2 EL Olivenöl an. 2 Knoblauchzehen, ein großes Bund Petersilie, Salz und Pfeffer dazu und 15 Minuten schmoren lassen.

Gemeiner Erd-Ritterling
Tricholoma terreum

Wachstumsphase
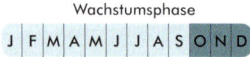

Erscheinungsbild An seinem leicht kegelförmigen oder gewölbten Hut mit trockener Oberfläche und einem Durchmesser von 4–8 cm ist er gut zu erkennen. Der Hut reißt an den Rändern schnell ein und ist mit einem leichten, samtweichen gräulichen Filz überzogen. Die Lamellen sind gezahnt, erst weiß, später grau, und mit zunehmender Reife am Hutrand sichtbar. Der weißliche Stiel ist weich, faserig und recht empfindlich. Das Fleisch ist ebenfalls weiß, sehr empfindlich und mild im Geschmack. Dieser Pilz ist aufgrund seiner Empfindlichkeit äußerst schwer zu transportieren.

Standort Oft zahlreich in Kiefernwäldern.

In der Küche Dieser Ritterling schmeckt jung sehr gut, die reiferen Exemplare sind aber so empfindlich, dass sie zum Ernten und Zubereiten nicht gut geeignet sind.

Eichen-Leberreischling

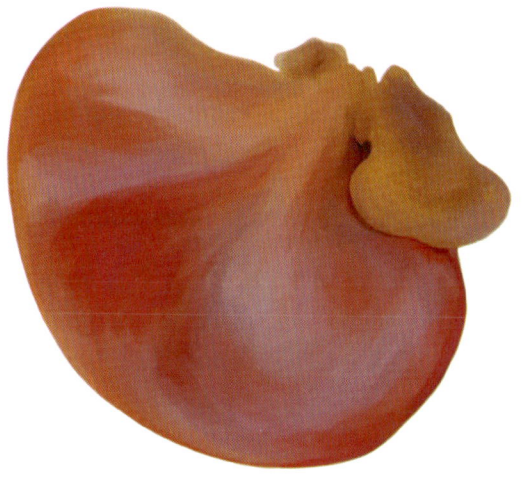

wächst direkt am Baum

Gemeines Stockschwämmchen

Honig-
farben

wächst in Gruppen auf
Baumstämmen

Austern-Seitling

wächst auf Holz,
austernförmiger Hut

samtiger grauer
Hut, am Rand häufig
gespalten

sichtbare
Lamellen

Gemeiner Erd-Ritterling

Im Wald

Bronze-Röhrling
oder Schwarzhütiger Steinpilz
Boletus aereus

Wachstumsphase
J F M A M J J A S O N D

schwarzer Hut

Erscheinungsbild Dieser Dickröhrling ist einer der beliebtesten seiner Art, denn er ist am einfachsten zu erkennen. Sein komplett schwarzer Hut ist anfangs rund und wölbt sich später; er fühlt sich meist trocken an, an bewölkten Tagen leicht feucht. Unter dem Hut finden sich die für diese Pilzart typischen Röhren – sie verlaufen vertikal und bilden eine Art Schwamm. Der Stiel ist enorm dick und wird mit zunehmendem Alter länger. Das Fleisch riecht angenehm erdig.

Standort In Eichen- und Buchenwäldern, die viel Sonne abbekommen, denn dieser Pilz liebt Wärme.

In der Küche Feinschmecker schätzen diesen Röhrling ganz besonders.

braune Färbung, keine Lamellen

Gemeiner Steinpilz
Boletus edulis

Wachstumsphase
J F M A M J J A S O N D

Erscheinungsbild Für Pilzliebhaber und Kenner ist er der Champion aller Klassen und kann eine beachtliche Größe sowie einen Hutdurchmesser von 25 cm erreichen. Der dicke, gewölbte Hut ist rötlich braun, leicht feucht und wird mit zunehmendem Alter weicher. Unter dem Hut finden sich die für diese Art typischen Röhren, die vertikal verlaufen und eine Art pflanzlichen Schwamm bilden. Der dicke hellbraune Stiel ist mit einem feinen, weißen, leicht erhabenen Netz überzogen. Das Fleisch des Gemeinen Steinpilzes ist dicht, weiß und zart, mit angenehmem Geruch und Geschmack.

Standort In den meisten Laubwäldern (Eiche, Kastanie), an Waldwegen. Er ist etwas kapriziös, in manchen Jahren schießen die Pilze nur so aus dem Boden, in anderen sind sie geradezu unauffindbar – und keiner weiß, warum.

In der Küche Unter den Röhrlingen finden sich kaum giftige und gar keine tödlich giftigen Arten.

Totentrompete
oder Herbsttrompete
Craterellus cornucopioides

Erscheinungsbild Durch ihr spezielles Aussehen kann die Totentrompete mit keiner anderen Art verwechselt werden. Sie hat keinen Hut, ähnelt dafür aber einer Trompete mit gewelltem Rand und ist im Inneren bis zur Basis hohl. Die Totentrompete verfügt weder über Lamellen noch über Leisten. Das wässrige Fleisch ist sehr aromatisch und eignet sich gut zum Trocknen. Dadurch ist dieser Pilz, auch in Pulverform, lange haltbar.

Standort Im Unterholz von Laubwäldern, auf schlammigem Boden und im Laub.

In der Küche Besonders im Omelette schmeckt dieser Pilz köstlich. Man sollte allerdings nicht zu große Mengen zu sich nehmen, da die Fasern schwer verdaulich sind.

erinnert an einen schwarzen Enzian

wunderschöne orangegelbe Färbung

Kaiserling
oder Orangegelber Wulstling
Amanita caesarea

Erscheinungsbild Abgesehen von seinem stark riechenden, dicken Fleisch, zeichnet sich der Kaiserling durch einige andere recht eindeutige Merkmale aus. Der 5–16 cm breite Hut ist glatt und an den Rändern leicht gestreift. Die Lamellen sind gelb und dicht gedrängt, im Gegensatz zu anderen Wulstlingen. Der ebenfalls gelbe Stiel trägt einen gelben Ring sowie eine weiße, sehr große, breite Scheide.

Standort Der Kaiserling liebt Wärme, daher ist er besonders in Kastanien- oder Eichenwäldern im Süden Europas zu finden. In Deutschland kommt er nur selten vor.

In der Küche Der Kaiserling gilt als einer der besten Pilze. Schon die alten Römer liebten ihn!

Im Wald

Rosa Rettich-Helmling
Mycena rosea

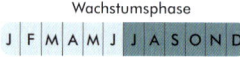
Wachstumsphase
J F M A M J J A S O N D

Erscheinungsbild Es handelt sich um einen mittelgroßen Pilz mit einem 3–5 cm breiten Hut. Der rosa gefärbte, kegelförmige Hut ist recht dünn und weist Streifen auf. Die Lamellen stehen relativ weit auseinander; der Stiel ist gerade und glatt. Der charakteristische Geruch nach verfaulten Radieschen erschwert die Verwechslung mit anderen Arten deutlich.

Standort In allen Wäldern, auf allen Böden. Wächst vereinzelt oder in teils großen Gruppen. Eine sehr häufige Pilzart.

Vorsicht! Der Rosa Rettich-Helmling ist leicht giftig. Zum Glück riecht er so unangenehm, dass einem der Appetit vergeht!

Satans-Röhrling
Boletus Satanas

Wachstumsphase
J F M A M J J A S O N D

Erscheinungsbild Der Satans-Röhrling ist ein dicker, kompakter Pilz. Sein weißlicher Hut wird mit der Zeit grünlich und ist 8–30 cm breit. Unter dem Hut liegen, wie bei allen Röhrlingen, die vertikal verlaufenden Röhren, die den charakteristischen Schwamm bilden. Der Stiel ist sehr dick und stämmig, gelb-rot, überzogen mit einem rötlichen Netz. Das weiße, dichte Fleisch ist ein eindeutiges Erkennungsmerkmal: Bei Luftkontakt verfärbt es sich blau oder grün.

Standort In lichten Laubwäldern, auf kalkhaltigem, trockenem Boden. Insbesondere in warmen Jahren.

Vorsicht! Der Satans-Röhrling sollte nicht verzehrt werden, denn er kann schwere Magen- und Darmbeschwerden hervorrufen.

Zunderschwamm
Fomes fomentarius

Wachstumsphase
J F M A M J J A S O N D

Erscheinungsbild Beim Zunderschwamm gibt es keinen Zweifel: Dieser große, extrem harte, hell- bis dunkelgraue Pilz (manchmal ist er sogar härter als Holz!) kann mit keinem anderen Pilz verwechselt werden. Er ist überzogen mit konzentrischen Rillen und wächst in Schichten, die sich übereinander legen.

Standort An Baumstämmen, die er als Parasit befällt.

Vorsicht! Ungenießbar! Früher nutze man ihn für alles Mögliche: zum Feueranzünden (entsprechend behandelt ist er hochentzündlich), zum Stillen von Blutungen oder zur Behandlung eingewachsener Nägel.

Fliegenpilz
Amanita muscaria

Wachstumsphase
J F M A M J J A S O N D

Erscheinungsbild Er gilt als der schönste Wulstling, leicht an seinem roten Hut mit weißen Flocken zu erkennen. Vorsicht: Regen kann diese Punkte abwaschen, sodass der Fliegenpilz wie ein Kaiserling aussieht. Die Lamellen sind immer weiß, der sehr lange weiße Stiel trägt einen breiten Ring. Verwechslungsgefahr besteht mit dem Kaiserling (gelb-orangefarbener Hut, aber eindeutig gelbliche Lamellen und Stiel, siehe S. 89). Der Fliegenpilz ist ein sehr schöner Pilz und zum Glück recht leicht zu bestimmen: Daher sind so gut wie keine Vergiftungen in Verbindung mit ihm bekannt.

Standort Meist unter Birken oder Fichten.

Vorsicht! Der Fliegenpilz ist hochgiftig und darf nicht gepflückt werden.

Rosa Rettich-Helmling

kräftige Rosa-Färbung

Satans-Röhrling

Fleisch verfärbt sich beim Brechen blau

Zunderschwamm

so hart wie Holz

wächst an Bäumen

weiße Punkte auf rotem Hut

weiße Lamellen

Fliegenpilz

Im Wald

Gelbgrüner Ritterling
Tricholoma flavovirens

 Wachstumsphase
J F M A M J J A S O N D

komplett gelb gefärbt, riecht unangenehm

Erscheinungsbild Man erkennt ihn an seiner schönen gelben Färbung und der geringen Größe. Der Hutdurchmesser beträgt ca. 5–8 cm. Er hat große gelbe Lamellen, einen zylinderförmigen, ebenfalls gelben Stiel, der manchmal braun gefleckt ist, sowie gelbes Fleisch, dessen Geruch an Benzin erinnert. Der Name dieses Pilzes stammt aus dem Mittelalter, als nur Ritter ihn pflücken durften.

Standort Vor allem in Laub- und Nadelwäldern. Er versteckt sich häufig im Moos in der Nähe von Kiefern.

Vorsicht! Viele Laien haben diesen Pilz gesammelt, doch zahlreiche Vergiftungsunfälle führten dazu, dass er als giftige Art klassifiziert wurde.

zimtfarbener Hut

Zimtbrauner Hautkopf
Cortinarius cinnamomeus

 Wachstumsphase

Erscheinungsbild Wie alle Schleierlingsverwandte hat dieser Pilz einen feinen Schleier, der den Hut mit dem Stiel verbindet. Er hat einen gelb bis zimtbraun gefärbten Hut mit einem Durchmesser von 3–7 cm und einem Buckel in der Mitte. Die Lamellen sind meistens etwas kräftiger gelb gefärbt. Der Stiel ist dünn und hohl. Sein zartes Fleisch riecht nach Geranie.

Standort In den meisten Laubwäldern (Eichen) und auch Nadelwäldern.

Vorsicht! Der Zimtbraune Hautkopf ist sehr giftig. Im Allgemeinen sollte man keine Schleierlinge verzehren, denn die meisten sind giftig. Nur die Schleiereule (Cortinarius praestans, siehe S. 84), die leicht an der Größe zu erkennen ist, ist essbar.

Grüner Knollenblätterpilz
Amanita phalloides

Wachstumsphase
J F M A M J J A S O N D

3–15 cm breiter Hut

Erscheinungsbild Es empfiehlt sich, den Pilz genau zu betrachten: Der mittelgroße Hut ist grün, gelbgrün oder olivgrün und leicht samtig. Unter dem Hut finden sich weiße Lamellen. Der feste weiße Stiel trägt einen schönen Ring am oberen Ende, am Fuß eine stabile, recht dicke Scheide, die der Rest der Haut ist, die den jungen Fruchtkörper umgibt. Nicht zu verwechseln mit Täublingen, die weder Volva noch Ring aufweisen.

Standort Der Grüne Knollenblätterpilz ist weit verbreitet und sehr gefährlich. Er wächst in allen Wäldern, unter allen Baumarten und auf allen Böden. Man findet ihn allerdings selten im Gebirge.

Vorsicht! Der Grüne Knollenblätterpilz ist in beinahe allen Fällen tödlich giftig. 90 Prozent der Todesfälle in Folge von Pilzverzehr gehen auf seine Kappe. Wenn dieser Pilz einmal bestimmt ist, sollte man ihn zerstören, damit er nicht andere Spaziergänger zum Pflücken und Essen verleitet.

Gewölbter Hut mit braunen Schuppen

Stink-Schirmling
Lepiota cristata

Wachstumsphase
J F M A M J J A S O N D

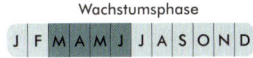

Erscheinungsbild Dieser gefährliche Pilz einer sehr häufigen Art zeichnet sich insbesondere durch die braune, schuppige Schicht auf seinem Hut aus, die von der Hutmitte aus zu den Rändern immer weniger wird, sodass die Ränder fast weiß sind. Die weißen, eng stehenden Lamellen werden vom Stiel durch einen Ring getrennt. Das weiße bis graue Fleisch riecht stark nach fauligen Radieschen. Der schmale, seidige Stiel trägt einen vergänglichen Ring, der mit dem Alter verschwindet.

Standort An Wegesrändern, in Wäldern und auf Wiesen in Waldnähe

Vorsicht! Nicht zum Verzehr geeignet, er ist hochgiftig!

Im Wald

Bärlauch

Allium ursinum

AMARYLLIS-GEWÄCHSE · 20 bis 50 cm · Blütezeit

Erscheinungsbild Der Bärlauch ist eine ausdauernde, unbehaarte Pflanze, die stark nach Knoblauch riecht. Er hat zwei lanzettliche, eiförmige, ganzrandige und spitz zulaufende Laubblätter, die schlaff, dünn und langgestielt sind. Die weißen Blüten stehen in Dolden, die Zwiebel ist weiß. Verwechslungen sind möglich mit dem Maiglöckchen *(Convallaria majalis)* oder der Herbstzeitlosen *(Colchicum automnale)*, die beide äußerst giftig sind. Diese beiden Pflanzen weisen jedoch fleischigere und zudem steife Laubblätter auf. Die Blätter der Herbstzeitlosen sind sitzend und kommen trichterartig geformt aus der Erde, die Blätter des Maiglöckchens sind ineinander eingerollt.

Verbreitungsgebiet und Standort Auenwälder und Waldränder von Westeuropa bis zum Kaukasus.

In der Küche Bärlauch ist reich an Vitamin C, sollte jedoch roh nur in Maßen verzehrt werden, da es sonst zu Reizungen kommen kann. Die Blätter nimmt man zum Verfeinern von Pesto oder Salaten, ebenso die Blüten. Durch Garen verlieren sie ihren Knoblauchgeschmack. Die Zwiebeln lassen sich genau wie Kulturzwiebeln verwenden.

Giersch

Aegopodium podagraria

DOLDENBLÜTLER · 20 bis 50 cm · Blütezeit

Erscheinungsbild Der Giersch ist eine hübsche, ausdauernde Pflanze mit charakteristischen, langgestielten Grundblättern, die doppelt zweifach bis dreizählig gefiedert sind. Die Fiederblätter sind eiförmig, am oberen Ende spitz zulaufend und haben einen gesägten Rand. Der lange und kräftige Stängel ist gefurcht, die Blüten bilden zarte, weiße Dolden. Verwechslungen sind möglich mit der ebenso wohlschmeckenden Wald-Engelwurz *(Angelica sylvestris)*.

Verbreitungsgebiet und Standort Schattige und feuchte Standorte, z. B. im Unterholz, unter Bäumen, manchmal auch in Gärten. Ursprünglich in Europa heimisch, hat sich der Giersch auf der ganzen Welt ausgebreitet

In der Küche Die Blätter des Gierschs sind reich an Proteinen, Vitaminen und Mineralstoffen. Die zarten jungen Blätter besitzen ein feines Zitrusaroma und schmecken roh sehr lecker als Salat. Ältere machen sich gut als Gemüse, wobei sie in Aufläufen und auf herzhaften Tartes besonders gut zur Geltung kommen.

Knoblauchsrauke

Alliaria petiolata

KREUZBLÜTLER · 40 bis 90 cm · Blütezeit

Erscheinungsbild Die Knoblauchsrauke ist eine ausdauernde Pflanze, deren grundständige Rosette recht breite, nierenförmige Laubblätter mit gekerbten Rändern aufweist. Die Stängelblätter sind wechselständig, eiförmig, etwas länger und oben zugespitzt. Die kleinen weißen Blüten aus vier kreuzförmig angeordneten Kronblättern stehen nah beisammen an der Spitze des Stängels.

Verbreitungsgebiet und Standort Kühle und schattige Standorte, zum Beispiel Hecken, Waldränder und lichte Wälder, in Europa, Asien und Nordafrika.

Nahe Verwandte Kreuzblütler wie Senf, Schaumkraut, Hirtentäschel, Rucola, Kohl, Rüben und Radieschen.

In der Küche Die Knoblauchsrauke enthält die Vitamine A und C sowie die für Zwiebelgewächse typischen ätherischen Öle. Mit den klein gehackten Blättern und Blüten lassen sich Pestos, Suppen, Soßen, Pfannengerichte usw. verfeinern. Sie müssen allerdings roh beigefügt werden, da sich durch Kochen der Knoblauchgeschmack verflüchtigt und die Bitterkeit der Pflanze hervortritt.

Buschwindröschen

Anemone nemorosa

HAHNENFUSS-GEWÄCHSE · 10 bis 30 cm · Blütezeit

Erscheinungsbild Ausdauernde Pflanze, die dank ihres Wurzelstocks wächst und überdauert. Die Blätter befinden sich fast alle am Ansatz des Stängels, nur drei sitzen unterhalb der Blüte. Sie sind behaart und bestehen aus drei bis fünf gezackten Lappen. Die Blüten stehen einzeln und sind weiß bis rosa. Sie haben fünf bis acht Blütenblätter sowie zahlreiche Staub- und Fruchtblätter.

Verbreitungsgebiet und Standort Weitverbreitete Pflanze, die typischerweise im Unterholz wächst, aber auch in Hecken, auf Heideland und auf Bergwiesen.

Nahe Verwandte Es gibt rund fünfzehn Arten von Windröschen. Eine andere weitverbreitete Art ist die Gewöhnliche Kuhschelle, eine schöne, violette Blume mit dichtem Flaum.

Wissenswertes Wenn die Buschwindröschen im Frühjahr blühen, bilden sie im Unterholz oft eine dichte weiße Decke.

Im Wald

Wald-Erdbeere
Fragaria vesca

 ROSENGEWÄCHSE · 5 bis 25 cm · Blütezeit J F M **A M J J** A S O N D

Erscheinungsbild Kleine, behaarte Pflanze, die in niedrigen Büscheln wächst. Zur Fortpflanzung bildet sie seitliche Ausläufer. Die großen Blätter sind gezackt und bestehen aus drei ovalen Blättchen. Die Blüten haben fünf Kelchblätter, fünf weiße Blütenblätter und zahlreiche Fruchtblätter und Staubblätter.

Verbreitungsgebiet und Standort Weitverbreitet, vor allem auf Lichtungen, in Hecken, auf Wegen und im Unterholz.

Nahe Verwandte Sie gehört zur Familie der Rosengewächse, so wie die Nelkenwurzen und die Rosen. Zahlreiche Vertreter dieser Familie bilden essbare Früchte: Himbeeren, Brombeeren und etliche andere Obstbäume (Apfel, Pflaume etc.).

Wissenswertes Walderdbeeren schmecken gut, doch sollte man sie gründlich waschen, um einen Befall durch Bandwürmer zu vermeiden.

Vielblütige Weißwurz
Polygonatum multiflorum

 SPARGELGEWÄCHSE · 30 bis 60 cm · Blütezeit J F M **A M J** J A S O N D

Erscheinungsbild Ausdauernde Pflanze mit unterirdischem Wurzelstock. Die ovalen Blätter stehen wechselständig, haben parallele Blattadern und sind nach oben ausgerichtet. Der runde Stängel trägt kleine Trauben mit zwei bis sechs Blüten. Diese sind röhrenförmig, weiß und haben eine grüne Spitze. Die Früchte sind schwarze Beeren.

Verbreitungsgebiet und Standort Die Vielblütige Weißwurz wächst vor allem im Unterholz, bisweilen in sehr dichten Kolonien.

Verwechslungsgefahr Die Wohlriechende Weißwurz hat einen quadratischen Stängel, und ihre Blüten stehen einzeln oder zu zweit.

Maiglöckchen
Convallaria majalis

 SPARGELGEWÄCHSE · 10 bis 20 cm · Blütezeit J F M **A M J** J A S O N D

Erscheinungsbild Ausdauernde Pflanze, die sich durch ihren Wurzelstock fortpflanzt. Jeder Halm ist von zwei länglichen, ovalen Blättern umschlossen, die parallele Blattadern haben. Die kleinen, weißen Blüten bilden Trauben, die einen starken Duft verströmen. Achtung: Die roten Beeren sind sehr giftig!

Verbreitungsgebiet und Standort Das Maiglöckchen ist nicht sehr weitverbreitet. Man findet es im Unterholz, vor allem im Halbschatten.

Verwechslungsgefahr Vor der Blütezeit verwechselt man das giftige Maiglöckchen leicht mit dem Bärlauch, der genießbar ist. Wenn man Bärlauchblätter zerreibt, riechen sie nach Knoblauch; die Blätter des Maiglöckchens sind härter und geruchlos.

Wissenswertes In Frankreich schenkt man einander am 1. Mai traditionellerweise Maiglöckchen. In der Sprache der Blumen stehen sie für die Wiederkehr des Glücks.

Waldmeister
Galium odoratum

 RÖTEGEWÄCHSE · 10 bis 30 cm · Blütezeit J F M **A M J** J A S O N D

Erscheinungsbild Der Waldmeister ist eine ausdauernde Pflanze, deren Blätter in Quirlen zu sechst bis acht in den aufrechten Stängel eingesenkt sind. Sie sind eiförmig, lang und schmal, ganzrandig und am oberen Ende spitz. Am Ende des Stängels stehen kleine, zart duftende Blüten mit je vier weißen, trichterförmig verwachsenen und spitz zulaufenden Kronblättern. Gefahrlose Verwechslungen mit anderen Labkräutern sind möglich, die allerdings, wenn sie getrocknet werden, nicht das gleiche süßliche Vanillearoma freisetzen wie der Waldmeister.

Verbreitungsgebiet und Standort Kühles, feuchtes Unterholz in Europa und im westlichen Asien.

In der Küche Ein übermäßiger Verzehr von Waldmeister kann zu Kopfschmerzen und Verdauungsstörungen führen. Jeglicher Schimmel ist unbedingt zu vermeiden, weil sich sonst Dicumarol bilden kann, das möglicherweise Blutungen auslöst. Die getrockneten Blätter und Blüten verleihen nicht nur Getränken ein erfrischendes Aroma, sondern auch Cremespeisen und Desserts. Dazu muss man sie zuvor eine Weile in Milch ziehen lassen.

Im Wald

Kohldistel
Cirsium oleraceum

KORBBLÜTLER — 40 bis 120 cm — Blütezeit: J F M A M J **J A** S O N D

Erscheinungsbild Diese Distel sticht nicht! Ihre langen, gestielten Laubblätter sind in lanzettliche, gezähnte Lappen mit spitzen Vorsprüngen eingeschnitten. Sie bilden eine Grundrosette, aus der ein dicker grüner Stängel mit sitzenden, wechselständigen Blättern ragt. Die Blütenstände sind kleine Körbchen aus hellgelben Blüten. Verwechslungen sind nicht zu befürchten.

Verbreitungsgebiet und Standort Auenwälder und Ufer von Gewässern in Europa und Asien.

In der Küche Die Kohldistel ist reich an vollständigen Proteinen, Vitaminen und Mineralstoffen. Die Blätter werden zubereitet wie Spinat. Die Wurzeln kann man roh oder gegart essen, und die geschälten Stängel, mit etwas Salz gewürzt, schmecken hervorragend. Vor der Blütezeit (Juni–Juli) kann sogar der gegarte Blütenboden gegessen werden, der nichts anderes ist als ein kleines Artischockenherz.

Hundsrose
Rosa canina

ROSENGEWÄCHSE — 1 bis 3 m — Blütezeit: J F M A M **J J A** S O N D

Erscheinungsbild Als Vorfahrin unserer Zuchtrosen ist die Hundsrose ein Strauch mit grünen oder rötlichen, bogig überhängenden Ästen, die mit hakigen Stacheln besetzt sind. Ihre wechselständigen Laubblätter bestehen aus fünf bis neun eiförmigen, gezähnten Fiederblättchen. Die großen, weißen oder rosafarbenen Blüten sind fünfzählig und werden später zu roten, kugeligen Hagebutten. Diese sind Sammelfrüchte und enthalten die eigentlichen Früchte (Nüsschen), deren widerhakenbestückte Härchen als Juckpulver berüchtigt sind.

Verbreitungsgebiet und Standort Hecken, Waldränder, Hänge, Brachen und Bahndämme. Die Hundsrose war ursprünglich in Europa, Asien und Nordafrika beheimatet, hat sich inzwischen aber in verschiedenen gemäßigten Zonen ausgebreitet.

In der Küche Hagebutten enthalten 20-mal so viel Vitamin C wie Orangen. Gekocht und passiert lässt sich aus Hagebutten eine der wohlschmeckendsten Konfitüren herstellen. Eine nicht ganz unaufwendige Arbeit, aber durchaus der Mühe wert!

Zitronenmelisse
Melissa officinalis

LIPPENBLÜTLER — 30 bis 80 cm — Blütezeit: J F M A **M J J A S O** N D

Erscheinungsbild Diese aromatische, ausdauernde Pflanze ist mit der Minze verwandt. Ihr Stängel ist viereckig, die kreuzgegenständigen Blätter sind oval, laufen spitz zu und haben einen fein gezackten Rand. Wenn man sie zerreibt, verströmen sie einen angenehmen Duft nach Zitrone. Die kleinen, weißen oder rosafarbenen Blüten sind röhrenförmig und laufen in zwei »Lippen« aus.

Verbreitungsgebiet und Standort Die Zitronenmelisse stammt aus dem Mittelmeerraum, ist heute aber fast überall in Europa, Westasien und Afrika verbreitet. Sie wächst wild in Wäldern und Hecken und wird auch häufig angebaut.

Verwendung als Heilpflanze Zitronenmelisse wirkt angstlösend und beruhigend und wird daher gegen Angstzustände, chronischen Stress und Schlaflosigkeit eingesetzt. Außerdem lindert sie leichte Verdauungsbeschwerden (Krämpfe oder Brechreiz) und wirkt antibakteriell sowie antiviral, insbesondere gegen das Herpesvirus. Die Blätter und die Blütenstände verwendet man am besten, wenn sie frisch sind oder vor nicht mehr als sechs Monaten getrocknet wurden. Man bereitet aus ihnen Tee oder Tinktur zu. Außerdem ist Zitronenmelisse ein wundervolles Küchengewürz, das Speisen und Getränke verfeinert und dabei seine heilenden Kräfte entfaltet.

Brombeere
Rubus fruticosus

ROSENGEWÄCHSE — 1 bis 4 m —   — Blütezeit:  J F M A **M J J A** S O N D

Erscheinungsbild Diese holzige Strauchpflanze hat lange Zweige, die gebogen und mit Dornen besetzt sind. Sie hat ovale, spitz zulaufende, gefiederte Blättchen. Die Blüten haben fünf Blätter, die weiß oder rosa sind. Die Früchte sind rundlich, anfangs rot, im reifen Zustand schwarz.

Verbreitungsgebiet und Standort In ganz Europa, vor allem in nördlichen Regionen; in Hecken, an Waldrändern, in Wäldern, auf Brachflächen und in Gärten.

Verwendung als Heilpflanze Die Brombeere wirkt blutstillend, blutreinigend, entzündungshemmend und blutzuckersenkend. Sie wird bei Erkrankungen der Mundhöhle verwendet, bei Angina sowie bei Verdauungsstörungen. Die Früchte sind reich an Vitaminen und Antioxidantien und helfen gegen Durchfall. Die getrockneten Blätter verströmen einen angenehmen Duft und wurden lange Zeit als Ersatz für Teeblätter verwendet. Man bereitet aus ihnen einen schwachen Sud zu (zwei bis drei Minuten), den man trinkt oder zum Gurgeln verwendet, oder eine Tinktur. Die Früchte können roh gegessen oder zu Saft oder Sirup verarbeitet werden.

Im Wald

Große Klette
Arctium lappa

KORBBLÜTLER · 50 bis 150 cm · Blütezeit J F M A M J **J A** S O N D

Erscheinungsbild Diese große, zweijährige Pflanze hat lange, fleischige Wurzeln und am Stängelansatz herzförmige, ausladende, gewellte Blätter. Diese haben einen langen, dicken Stiel und tragen auf der Unterseite einen weißlichen Flaum. Der Stängel entwickelt sich erst im zweiten Jahr. Die Hüllblätter der Blütenkörbe, die aus malvenfarbigen Blättern bestehen, bilden an der Spitze kleine Häkchen. Wenn sie noch nicht blüht, wird die Große Klette leicht mit anderen Klettenarten oder der Gewöhnlichen Pestwurz verwechselt.

Verbreitungsgebiet und Standort In fast allen gemäßigten Klimazonen; auf Ödland, an Waldrändern, in lichten Wäldern und an Wegrändern.

Verwendung als Heilpflanze Durch ihre blutreinigende und diuretische Wirkung trägt die Große Klette zur Reinigung des Organismus bei und unterstützt die Tätigkeit der Leber und der Nieren. Außerdem hilft sie gegen Gelenkbeschwerden sowie vor allem gegen Hauterkrankungen wie etwa Ekzemen, Schuppenflechte und Akne. Die antibiotische Wirkung ihrer Wurzeln ist wissenschaftlich belegt.

Graue Glockenheide
Erica cinerea

HEIDEKRAUTGEWÄCHSE · 20 bis 60 cm · Blütezeit J F M A M J **J A S O** N D

Erscheinungsbild Dieser locker verzweigte Zwergstrauch besitzt kleine, nadelförmige Blätter, die eine hervortretende zentrale Blattader haben und in Dreiergruppen quirlig am Stängel stehen. Die glockenförmigen, hellpurpurfarbenen Blüten bilden einen dichten, langgestreckten, ährenförmigen Blütenstand. Die Graue Glockenheide wird manchmal mit der Besenheide verwechselt, die fast identische medizinische Eigenschaften besitzt.

Verbreitungsgebiet und Standort In Europa und Asien; auf Heideland und Trockenwiesen sowie in Nadelwäldern mit sauren Böden. In Deutschland kommt sie natürlicherweise nur im äußersten Westen vor.

Verwendung als Heilpflanze Die Graue Glockenheide wirkt diuretisch und antiseptisch und hilft daher vor allem gegen Harnwegsinfekte. Außerdem wird sie gegen Nierensteine eingesetzt. Die getrockneten Blütenstände werden in der Regel zu einem Sud verkocht, man kann aus ihnen aber auch eine Tinktur herstellen. In manchen europäischen Ländern gehört die Graue Glockenheide zu den geschützten Arten.

Geflecktes Lungenkraut
Pulmonaria officinalis

RAUBLATTGEWÄCHSE · 15 bis 50 cm · Blütezeit J F M **A M** J J A S O N D

Erscheinungsbild Diese kleine, ausdauernde Pflanze ist durchgehend behaart und anhand der runden, weißen Flecken auf den Blättern leicht zu erkennen. Die ungestielten Blätter stehen gegenständig, sind von mittlerer Größe, oval und an den Enden spitz. Die kleinen, rosa und lila Blüten bilden an der Spitze des Stängels einen dichten Blütenstand, der anfangs spiralförmig zusammengerollt ist und sich während der Blütezeit entfaltet.

Verbreitungsgebiet und Standort An Waldrändern, in lichten Wäldern und Laubwäldern.

Verwendung als Heilpflanze Das Geflecktes Lungenkraut hilft bei Erkrankungen der Lunge wie etwa Bronchitis, und es wirkt beruhigend bei Entzündungen der Mundhöhle und des Rachens. Seine Schleimstoffe unterstützen die Narbenbildung, was bei Ekzemen, Wunden und Insektenstichen hilft. Warnhinweis: Es enthält Alkaloide; diese können bei übermäßigem und wiederholtem Konsum die Leber schädigen.

Wald-Ziest
Stachys sylvatica

LIPPENBLÜTLER · 40 bis 100 cm · Blütezeit J F M A M J **J** A S O N D

Erscheinungsbild Ausdauernde, behaarte Pflanze, deren dunkelgrüne Laubblätter eiförmig und im unteren Teil herzförmig sind und gezähnte Ränder besitzen. Die kreuzgegenständigen Blätter stehen mit kurzen Blattstielen an einem vierkantigen Stängel. In den Blattachseln stehen kleine, zweilippige, purpurfarbene Blüten, deren Lippen weiße Zeichnungen aufweisen. Verwechslungen mit anderen Ziest-Arten sind möglich; alle sind jedoch essbar.

Verbreitungsgebiet und Standort Wälder und Hecken, feuchte und schattige Standorte in ganz Europa und Westasien.

In der Küche Der Ziest ist reich an Vitaminen und Mineralstoffen, auch wenn seine ernährungsphysiologischen Eigenschaften bisher noch nicht eingehend untersucht worden sind. Trotz seines nicht gerade attraktiven Geruchs verleiht der Ziest vielen Speisen ein bemerkenswertes Steinpilzaroma! Die Blätter und jungen Triebe eignen sich zum Verfeinern von Suppen, Omeletts oder herzhaften Tartes.

Große Klette

Pestwurz ☠

Graue Glocken-heide

Geflecktes Lungenkraut

Wald-Ziest

Im Wald

Gemeine Akelei
Aquilegia vulgaris

HAHNENFUSS-GEWÄCHSE

Erscheinungsbild Ausdauernde, verzweigte und behaarte Pflanze. Die Blätter sind blassgrün, mit Flaum besetzt und auf unterschiedliche Weise gelappt. Die Blüten haben fünf konische Blütenblätter, die an der Spitze einen gebogenen Sporn tragen. Die Blüten sind blau, selten rosa, violett oder weiß.

Verbreitungsgebiet und Standort Weitverbreitet, wächst sie an Waldrändern, im hellen Unterholz, auf Rasenflächen und schattigen Weiden, im Dickicht und auf Felsgeröll.

Nahe Verwandte Es gibt rund zehn wilde Arten von Akelei. Sie alle sind eng mit den Rittersporen verwandt.

Wissenswertes Die Gemeine Akelei wächst wild, wird aber auch oft in Gärten angepflanzt. In einigen Regionen Deutschlands gilt sie als gefährdet. Daher sollte man sie nicht pflücken; man kann jedoch Samen mitnehmen und sie im eigenen Garten aussäen.

Roter Fingerhut
Digitalis purpurea

WEGERICHGEWÄCHSE

Erscheinungsbild Große, zweijährige oder ausdauernde Pflanze mit flaumigen Härchen. Die weißlichen, ovalen und mehr oder weniger stark gezackten Grundblätter bilden eine Rosette. Im zweiten Jahr bildet sich eine dichte Ähre aus Blüten. Die großen, purpurroten Blüten haben dunkle Punkte, die den bestäubenden Insekten den Weg ins Innere der Blüte weisen.

Verbreitungsgebiet und Standort Der Rote Fingerhut wächst auf eher sauren Böden, auf Lichtungen, in Kahlschlägen, an Waldrändern, auf Böschungen und auf Wegen.

Nahe Verwandte Der Gelbe Fingerhut ist nahe mit ihm verwandt, sieht ihm sehr ähnlich und wächst auf eher kalkhaltigen Böden.

Wissenswertes Der Name Fingerhut bezieht sich auf die charakteristische Blütenform. Achtung: Der Rote Fingerhut enthält Digitalin, einen hochgiftigen Stoff, der auch als Heilmittel bei Herzbeschwerden eingesetzt wird.

Duftveilchen
Viola odorata

VEILCHENGEWÄCHSE

Erscheinungsbild Die Blätter dieser kleinen, ausdauernden Pflanze sind oval bis herzförmig, am Rand gekerbt und sitzen an einem langen Stiel unten am Stängel. Die Blüten bestehen aus zwei oberen und drei unteren Blütenblättern, die weiß bis violett sind. Sie sind wohlriechend und unfruchtbar. In Europa gibt es rund hundert Arten von Veilchen und Stiefmütterchen. Alle sind genießbar, aber nur das Duftveilchen verströmt ein intensives Aroma.

Verbreitungsgebiet und Standort In Europa, Asien, Nordamerika und Australien; an feuchten und schattigen Stellen in Wäldern, Hecken und an Waldrändern.

Verwendung als Heilpflanze Die Schleimstoffe der Veilchen helfen gegen Husten, Rachenschmerzen, Hautreizungen und Lungenbeschwerden. Außerdem wirken sie abführend und fiebersenkend. Die Blüten wirken im Körpergewebe entzündungshemmend. Aus den Blättern und Blüten wird Tee zubereitet, den man trinken oder zum Gurgeln oder für Hautkompressen verwenden kann. Aus den Blüten lässt sich auch ein wohlschmeckender, hustenlösender Sirup herstellen.

Echter Ehrenpreis
Veronica officinalis

WEGERICHGEWÄCHSE

Erscheinungsbild Diese ausdauernde Pflanze ist behaart und hat einen starren Stängel, der sich gegen Ende der Blütezeit dunkel färbt. Die ovalen, gegenständigen Blätter sind gewellt und an der mittleren Blattader mehr oder weniger stark geknickt. Die kleinen Blüten bestehen aus vier lilafarbenen Blütenblättern mit länglichen, dunklen Streifen, und die langen Staubblätter ragen deutlich über die Krone hinaus. Die Blüten stehen in Ähren an der Spitze der Zweige.

Verbreitungsgebiet und Standort In Europa und Westasien; auf Heideland und Wiesen, in Wäldern und an Wegrändern.

Verwendung als Heilpflanze Der Echte Ehrenpreis wird wegen seiner verdauungsfördernden und schleimlösenden Wirkung geschätzt, und er wirkt beruhigend bei Husten und Bronchitis. Auch gegen Rheuma kann er eingesetzt werden, und äußerlich wird er bei Wunden und Ekzemen angewendet. Aus Blättern und Blütenständen wird Tee zubereitet, den man dann trinkt oder zum Gurgeln verwendet. Bei Hauterkrankungen kann man ihn auch für Kompressen verwenden.

Sporn

Gemeine Akelei

Roter Fingerhut

Duft-veilchen

Wildes Stiefmütterchen

Echter Ehrenpreis

Im Wald

Kleine Säugetiere

In der Natur kreuzen wir, ohne es zu wissen, die Pfade zahlreicher Kleinsäugetiere. Manche von ihnen bekommt man nur selten zu Gesicht, auch weil sie oft nachtaktiv sind. Wenn man aufmerksam ist, kann man sie jedoch hören oder die Spuren entdecken, die sie hinterlassen. Hier sind einige von ihnen:

Die Fledermaus – das fliegende Säugetier

Nach Sonnenuntergang kommt die Fledermaus (1) aus ihrem Versteck und fliegt durch die Dunkelheit. Dabei orientiert sie sich, indem sie Ultraschallwellen ausstößt. Die europäischen Fledermausarten sind Insektenfresser, sie verzehren alles, was klein ist und fliegt. Jahr um Jahr befreien sie uns von Tonnen von Mücken und spielen daher eine bedeutende Rolle bei der Bekämpfung schädlicher Insekten.

Der Maulwurf – in der Erde zu Hause

Der Maulwurf (2) ist eines der wenigen Säugetiere, die ausschließlich in der Erde leben. Man bemerkt ihn an den Erdhügeln an den Ausgängen seines Baus. Dieser besteht aus vielen Gängen, in denen der Maulwurf lebt und seine Beute jagt. Maulwürfe sind fast blind, können aber sehr gut hören. Sie ernähren sich von Würmern, Schnecken und Larven, zum Beispiel den Larven von Maikäfern. Gärtner betrachten sie oft als ihre Feinde, dabei leisten sie einen wichtigen Beitrag: Ihre Baue sorgen dafür, dass der Boden durchlüftet wird und wasserdurchlässig bleibt.

Wissenswertes

In feuchter Erde kann ein Maulwurf in einer Nacht Gänge von bis zu 100 Metern Länge graben!

Der Igel – ein stacheliges Tier

Der Igel (3) ist ein liebenswürdiges kleines Tier, aber wenn er sich bedroht fühlt, rollt er sich zu einer Kugel aus mehreren tausend Stacheln zusammen. Besonders Gärtner schätzen ihn. Er ist nachtaktiv und geht mit dem Sonnenuntergang auf die Jagd; er ernährt sich hauptsächlich von Insekten, Würmern und Schnecken, aber auch von Eiern, Früchten und Beeren. Er schläft zwar täglich bis zu 18 Stunden, doch wenn er wach ist, ist er sehr aktiv und legt jeden Tag mehrere Kilometer zurück. Zu Beginn des Herbstes baut er sich ein Nest aus Laub, in dem er es sich bequem macht und in tiefen Schlaf verfällt. Während des Winterschlafs verbraucht er ein Drittel der Fettreserven, die er im Lauf des Sommers in seinem Körper angelegt hat.

Wissenswertes

Beim Fressen macht der Igel großen Lärm: Er kaut lautstark, brummt vor sich hin, ärgert sich und verstreut die Erde meterweit, wenn er im Boden wühlt.

Und viele andere …

Viele kleine Säugetiere bevölkern die Natur. Eines der kleinsten ist die Spitzmaus (4), die eine lange, spitze Schnauze hat. Die Haselmaus (5) hat ein rotbräunliches Fell und ist im Frühling in den Hecken zu hören, nachdem sie aus ihrem sechsmonatigen Winterschlaf erwacht ist, den sie in einem eiförmigen Nest aus Federn und Moos hält. Der Siebenschläfer dagegen schläft im Winter sieben Monate lang – daher auch sein Name. Der Gartenschläfer (6) erinnert durch seine Kopfzeichnung an einen maskierten Banditen. Außerdem sind in der Natur noch die Feldmaus, die Wühlmaus sowie die Ratte anzutreffen, und auf den Bäumen natürlich das Eichhörnchen (7). Das Wiesel ist das kleinste fleischfressende Säugetier Europas; es ähnelt dem Hermelin im Sommer, wenn dieses nicht sein weißes Winterfell trägt.

Großer Eichenbock
Cerambyx cerdo

KÄFER  22 bis 60 mm    Flugperiode

Erscheinungsbild Dieser außergewöhnlich große Käfer hat einen langgestreckten Körper und schwarze Deckflügel. Das Ende des Hinterleibs ist rötlich, am Kopf sitzen zwei kräftige Fühler. Diese sind bei den Männchen bis zu doppelt so lang wie der Körper, bei den Weibchen geringfügig länger als der Körper. Der Große Eichenbock wird leicht mit dem Kleinen Eichenbock *(Cerambyx scopolii)* verwechselt sowie mit *Cerambyx miles*, der im Mittelmeerraum lebt und kürzere Fühler hat.

Lebensraum Alte Wälder, vor allem Eichenwälder.

Lebensweise Unter klimatisch günstigen Bedingungen kann seine Gesamtlänge bis zu zehn Zentimeter betragen. Damit ist er ebenso beeindruckend wie der Hirschkäfer, dem er auch hinsichtlich Lebensweise und Entwicklung ähnelt. Auch die Larven des Großen Eichenbocks ernähren sich von lebenden Bäumen, weshalb diese Art oft als Schädling gilt, vor allem wenn sie sich in Gebieten verbreitet, die forstwirtschaftlich genutzt werden.

Waldmaikäfer
Melolontha hippocastani

KÄFER   25 bis 30 mm    Flugperiode

Erscheinungsbild Kopf und Thorax sind rotbraun bis schwarz gefärbt. Die Deckflügel tragen einen weißen Flaum. Sie sind braun, wie auch die Beine und die gefiederten Fühler. Seitlich am Thorax verlaufen zwei weiße Streifen. Der Waldmaikäfer ist eng mit dem Feldmaikäfer *(Melolontha melolontha)* verwandt, der jedoch größer ist und dessen Hinterleib in einer langen Spitze ausläuft.

Lebensraum In Laubwäldern, an Waldrändern und in Hecken.

Lebensweise Der Waldmaikäfer zeigt ein ähnliches Verhalten wie der Feldmaikäfer (nur dass dieser auf Wiesen lebt). Nach der Paarung vergräbt sich das Weibchen in der Erde und legt dort seine Eier ab. Die Larven tun sich an den Wurzeln von Laubbäumen gütlich, vor allem von Eichen. Sie verbleiben zur Entwicklung vier Jahre im Boden und kommen im Frühling des fünften Jahres als ausgewachsene Tiere ans Tageslicht. Dann ernähren sie sich von den Blättern der Bäume.

Großer Brauner Rüsselkäfer
Hylobius abietis

KÄFER   6 bis 14 mm    Flugperiode

Erscheinungsbild Körper und Deckflügel sind dunkelbraun und tragen gelbe Flecken, die unregelmäßige Querstreifen bilden. An der Spitze des langen dicken Rüssels sitzen die charakteristischen geknickten Fühler. Die braunen Klauen sind leicht behaart.

Lebensraum Der Große Braune Rüsselkäfer lebt in Nadelwäldern.

Lebensweise Diese Art ist die größte im Wald lebende Rüsselkäferart. Die Weibchen legen ihre Eier in die Wurzeln abgestorbener oder frisch gefällter Nadelbäume, von deren Holz sich später die Larven ernähren. Weil sie dabei das Holz zersetzen, spielen sie eine wichtige Rolle in der Ökologie der Waldböden. Die ausgewachsenen Tiere richten oft Schäden in Kiefernplantagen an. Das ist nicht weiter verwunderlich, denn aufgrund der Artenarmut und mangelnder Konkurrenz können sie sich dort besonders gut entwickeln. Außerdem legen die Weibchen das ganze Jahr über Eier, und die ausgewachsenen Tiere werden bis zu zwei Jahre alt.

Hirschkäfer
Lucanus cervus

KÄFER   20 bis 50 mm (Weibchen) 35 bis 80 mm (Männchen)  Flugperiode

Erscheinungsbild Kopf und Thorax des Hirschkäfers sind schwarz, die Deckflügel schimmern in Tönen zwischen Braun und Weinrot. Bei den Männchen sind die rötlichen Oberkiefer zu einem »Geweih« vergrößert.

Lebensraum Ausgedehnte Wälder, aber auch lichte Waldgebiete, Brachflächen und Hecken.

Lebensweise Der Hirschkäfer ist eine der größten und bemerkenswertesten Käferarten Europas. Mit seinem typischen Brummen und dem beeindruckenden Geweih der Männchen fällt er überall rasch auf. Das Geweih macht die Männchen zu gefürchteten Kriegern, und die Kämpfe zwischen Rivalen sind erbarmungslos. Die Larven ernähren sich von totem Holz (vor allem von Eichen) und tragen so zu dessen Zersetzung bei. Sie entwickeln sich im Boden und brauchen dafür mindestens fünf Jahre! Die erwachsenen Tiere ernähren sich vor allem von Pflanzensäften.

Großer Eichenbock

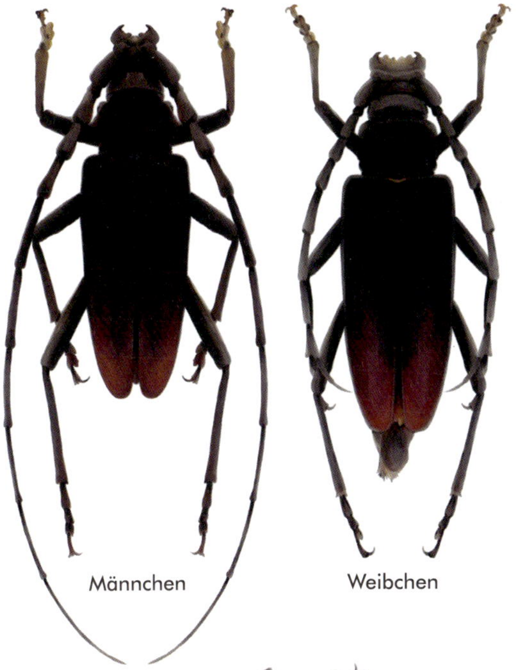

Männchen

Weibchen

gefiederte Fühler

Waldmaikäfer

Großer Brauner Rüsselkäfer

Fühler

Rüssel

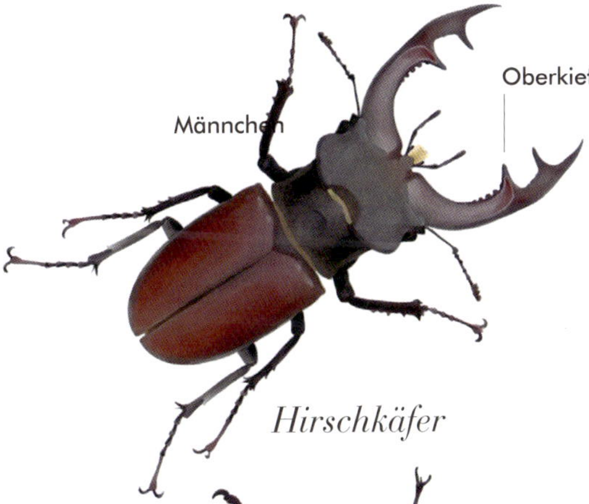

Männchen

Oberkiefer

Hirschkäfer

Weibchen

Im Wald

Ameisenbuntkäfer
Thanasimus formicarius

KÄFER

7 bis 12 mm · Flugperiode: J F M **A M J J A** S O N D

Erscheinungsbild Der Körper ist schwarz, der Thorax rot, ebenso der Ansatz der Deckflügel, die jeweils zwei weiße Streifen tragen. Die Oberseite des Körpers ist rot, die Beine sind schwarz. Der Ameisenbuntkäfer besitzt Ähnlichkeit mit anderen Buntkäfern, insbesondere mit dem Rotbeinigen Ameisenbuntkäfer *(Thanasimus femoralis)*, der rote Beine hat und bei dem der erste weiße Streifen auf den Deckflügeln direkt an den roten Ansatz anschließt.

Lebensraum Der Ameisenbuntkäfer ist vor allem in Nadelwäldern zu finden.

Lebensweise Der Ameisenbuntkäfer liegt oft auf Baumstämmen oder in Holzhaufen auf der Lauer. Sowohl die Larven als auch die ausgewachsenen Tiere sind Fleischfresser und ernähren sich von einer anderen Käferart, nämlich den Borkenkäfern. Die Weibchen legen ihre Eier in die Ritzen von Baumrinden. Dort entwickeln sich die Larven und verpuppen sich. Die ausgewachsenen Tiere überwintern an geschützten Stellen, oftmals unter der Rinde von Bäumen.

Waldgrille
Nemobius sylvestris

HEUSCHRECKEN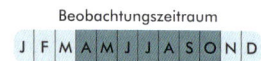

8 bis 10 mm · Beobachtungszeitraum: J F M **A M J J A** S O N D

Erscheinungsbild Der Körper ist dunkelbraun, der Thorax hellbraun. Die Flügel sind reduziert, der Hinterleib läuft in zwei länglichen Anhängen (Cerci) aus, zwischen denen bei den Weibchen der Ovipositor sitzt. Auf der schwarzen Stirn trägt die Waldgrille eine charakteristische gelbe, W-förmige Zeichnung. (Diese Zeichnung fällt bei allen Grillenarten unterschiedlich aus und ist daher ein gutes Erkennungsmerkmal.)

Lebensraum Vor allem in Laubwäldern.

Lebensweise Die Waldgrille ist weniger bekannt als die Feldgrille, aber dennoch weit verbreitet. Allerdings ist sie wegen ihrer dunklen Färbung im herabgefallenen Laub meist nur schwer zu entdecken. Oft verrät sie sich jedoch durch ihr leichtes, regelmäßiges Zirpen. Die Waldgrille ist ein Allesfresser und ernährt sich von Pflanzen und kleinen Insekten. Sie gräbt keinen Bau, sondern lebt im Schutz der Laubschicht auf dem Boden. Die Eier ruhen den Winter über, die Larven schlüpfen im Frühjahr und entwickeln sich im Juni zu ausgewachsenen Tieren.

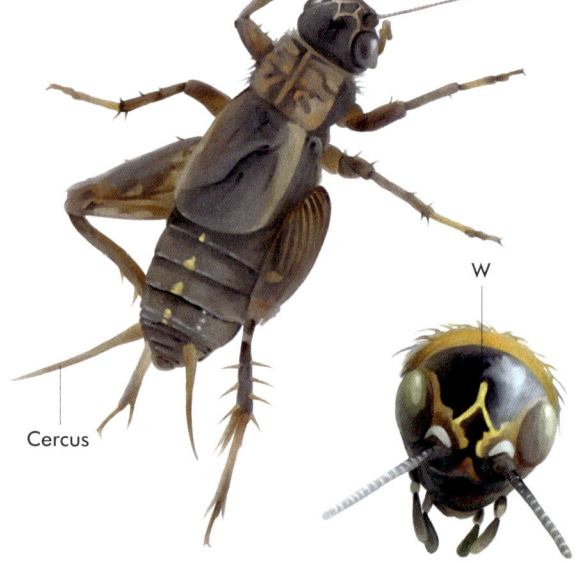

Cercus · W

Waldameise
Formica

HAUTFLÜGLER 5 bis 9 mm (Arbeiterin) 8 bis 12 mm (Männchen/Königin) Beobachtungszeitraum J F M A M J J A S O N D

Erscheinungsbild Der Körper der Waldameise ist je nach Art teils schwarz bis dunkelbraun gefärbt, teils rötlich. Die Männchen und die zukünftigen Königinnen sind vor der Paarung geflügelt.

Lebensraum Gelegentlich in Laubwäldern, vor allem jedoch in Nadelwäldern im Gebirge.

Lebensweise Die Gattung der Waldameisen umfasst weltweit knapp 300 Arten, die sich oft nur sehr schwer voneinander unterscheiden lassen. Sie leben in straff organisierten Staaten, die monogyn (mit einer Königin) oder polygyn (mit mehreren Königinnen) sein können. Ihre Nesthügel bestehen aus Pflanzenresten sowie Zweigen von Nadelbäumen und erreichen oft stattliche Größe. Waldameisen spielen eine entscheidende Rolle für das ökologische Gleichgewicht der Wälder. Die emsigen Arbeiterinnen dämmen die Ausbreitung von Schädlingen ein, wie etwa der Raupen des Prozessionsspinners, und verbreiten die Samen zahlreicher Pflanzenarten.

Hornissen-Schwebfliege
Milesia crabroniformis

ZWEIFLÜGLER 20 bis 27 mm Flugperiode  J F M A M J J A S O N D

Erscheinungsbild Ihr rotgestreifter gelber Körper erinnert an Hornissen. Die großen Facettenaugen, wie sie für Fliegen charakteristisch sind, zeigen jedoch eindeutig, dass sie zu den Zweiflüglern gehört. Vorne auf dem gelben Thorax befinden sich zwei schwarze Punkte. Das obere Glied der Beine ist rot, die unteren sind gelb. Bei den Männchen stoßen die Augen oberhalb der Stirn aneinander.

Lebensraum In Laubwäldern, vor allem in Eichenwäldern.

Lebensweise Die Hornissen-Schwebfliege ist die größte Schwebfliege Europas. Durch ihre Erscheinung und ihr kräftiges Brummen imitiert sie die Hornisse. Sie bevorzugt feuchtes Gelände; die ausgewachsenen Tiere sind oft in Waldgebieten in der Nähe von Wasserläufen zu finden. Sie sind wichtige Bestäuber und fliegen an den Ufern die unterschiedlichsten Blütenpflanzen an, vor allem Doldenblütler. Dort wachsen auch die Larven heran, die sich von verrottendem Holz ernähren.

Im Wald

Kaisermantel
Argynnis paphia

EDELFALTER 55 bis 75 mm 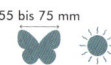 Flugperiode

Erscheinungsbild Der Kaisermantel ist ein Schmetterling von stattlicher Größe, dessen orangebraune Flügeloberseiten mit schwarzen Flecken verziert sind. Das Männchen trägt auf den Vorderflügeln schwarze, quer verlaufende Duftschuppenstreifen, die es von den Männchen anderer Perlmuttfalterarten unterscheiden. Über die grünschimmernden Unterseiten der Hinterflügel ziehen sich cremefarbene Binden. Bei den Weibchen gibt es die etwas seltener vorkommende Farbvariante *valesina*, bei der die Flügeloberseiten matt graubraun gefärbt sind.

Lebensraum Waldlichtungen, Waldränder und lockere Wälder in allen gemäßigten Zonen Europas sowie in Nordafrika und Asien bis nach Japan.

Lebensweise Bei sonnigem Wetter kann der Kaisermantel oft am Rande von Waldwegen gesichtet werden. Die Raupen leben auf verschiedenen Veilchenarten *(Viola spec.)*. Die Eiablage erfolgt nicht unmittelbar auf der Futterpflanze, sondern auf dem Boden oder auf Baumstämmen in der Nähe. Diese Schmetterlingsart bildet nur eine Generation pro Jahr.

Brauner Waldvogel
Aphantopus hyperantus

EDELFALTER 30 bis 40 mm  Flugperiode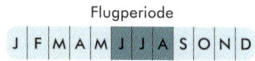

Erscheinungsbild Dieser Schmetterling hat einfarbig dunkelbraune Flügel, die von einem schmalen weißen Rand gesäumt werden und auf den Oberseiten schwach sichtbare Augenflecken tragen. Auf den Flügelunterseiten dagegen sind mehrere größere schwarze Augenflecken in weitaus kräftigeren Farben zu sehen. Sie besitzen weiße Kerne und einen orangefarbenen Rand.

Lebensraum Waldränder, Heiden, Waldlichtungen, Hecken und blumenreiche Wiesen in ganz Europa und in Asien bis nach Korea.

Lebensweise Der Braune Waldvogel ist eine sehr häufige Art, die gern den Schatten von Wald- und Feuchtgebieten aufsucht. Das Weibchen kann bis zu 200 Eier legen. Bevorzugt werden üblicherweise Futterpflanzen aus der Familie der Süßgräser (Pfeifengras, Wiesen-Rispengras usw.) oder Seggen *(Carex spec.)*. Dieser Schmetterling fliegt in nur einer Generation pro Jahr und ist zunehmend früher im Jahr zu beobachten, manchmal schon im Mai.

Großer Schillerfalter
Apatura iris

SCHMETTERLINGE 55 bis 65 mm 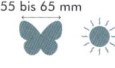 Flugperiode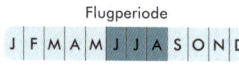

Erscheinungsbild Die Oberseiten der Flügel sind braun mit schwarzem Rand. Die Vorderflügel tragen weiße Flecken, die Hinterflügel ein weißes V. Die Unterseiten sind rostrot und zeigen jeweils einen breiten weißen Streifen und einen braun umrandeten Augenfleck. Beim Männchen schimmern die Flügel mitunter lilafarben. Der Große Schillerfalter wird leicht mit dem Kleinen Schillerfalter *(Apatura ilia)* verwechselt.

Lebensraum In alten Laubwäldern, oft in der Nähe von Wasserläufen.

Lebensweise Die Art ist in ganz Mitteleuropa zu finden, jedoch nehmen die Bestände mit fortschreitender Nutzung der Wälder immer weiter ab. Der Große Schillerfalter braucht alte Weiden sowie Pappeln, die als Wirtspflanzen für die Raupen dienen. Diese überwintern in weichen Nestern, die sie in Zweiggabelungen bauen. Die ausgewachsenen Tiere findet man oft in Bodennähe, da sie sich gern von reifen Früchten und Kot ernähren.

Landkärtchen
Araschnia levana

EDELFALTER 30 bis 40 mm 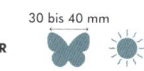 Flugperiode

Erscheinungsbild Diese Art zeichnet sich durch einen markanten Saisondimorphismus aus. Die Exemplare der ersten Generation sind orangebraun mit schwarzen Flecken, die der zweiten Generation sind schwarz mit einer weißen Querbinde, die in Halbkreisform über die Flügeloberseiten verläuft. Die Flügelunterseiten sind bei beiden Generationen von braunroter Grundfärbung mit einer Netzzeichnung aus weißen Linien und Bändern, in der Submarginalregion mit kleinen bläulichen Flecken.

Lebensraum Waldlichtungen, Hecken, Waldränder und Waldgebiete fast überall in Europa mit Ausnahme der direkt am Mittelmeer gelegenen Regionen. Das eurasische Verbreitungsgebiet dieser Art erstreckt sich von Spanien bis Japan.

Lebensweise Es fliegt in mindestens zwei Generationen pro Jahr, die erste kann zu Beginn des Frühlings, die zweite im Hochsommer, etwa im August, gesichtet werden. Die Eiablage erfolgt in Form kleiner Türmchen, die an die Unterseiten von Blättern der Futterpflanze geklebt werden.

Kaisermantel

Männchen
Duftschuppenstreifen
Weibchen

Brauner Waldvogel

Landkärtchen

erste Generation

zweite Generation

Männchen

Großer Schillerfalter

Weibchen

Im Wald

Großer Eisvogel
Limenitis populi

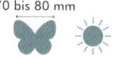 

EDELFALTER · 70 bis 80 mm · Flugperiode J F M A **M J J** A S O N D

Erscheinungsbild Die Flügeloberseiten besitzen eine grauschwarze Grundfärbung. Die Vorderflügel sind mit weißen Flecken geschmückt, während die Hinterflügel mittig weiße Querbinden und am Außenrand orangefarbene Randbinden zeigen. Die Unterseiten sind orangebraun und tragen weiße Zeichnungen und einen hellblauen Saum.

Lebensraum Waldlichtungen, Waldränder und Waldwege in den meisten Teilen Mitteleuropas und in Asien bis nach Japan.

Lebensweise Der größte Vertreter der Gattung *Limenitis* (Eisvogelfalter) fliegt in nur einer Generation pro Jahr. Die Männchen haben eine ausgesprochen kurze Lebensdauer von nur acht bis zwölf Tagen. Die Falter ernähren sich vom Saft verletzter Bäume, Ausscheidungen von Blattläusen, Absonderungen reifer Früchte oder dem Kot von Kleinsäugern.

Wissenswertes Die Raupe dieser Schmetterlingsart verbringt die kalte Jahreszeit in einem tütenförmigen Winterquartier (Hibernarium), das sie sich aus einem zusammengerollten Zitterpappelblatt *(Populus tremolae)* baut.

Großer Fuchs
Nymphalis polychloros

EDELFALTER · 50 bis 65 mm · Flugperiode J F **M A M J J A** S O N D

Erscheinungsbild Mittelgroßer Schmetterling mit orangebrauner Grundfärbung, dessen Vorderflügeloberseiten zahlreiche schwarze Flecken zieren, während die Ränder der Hinterflügel mit einem Saum aus blauen Halbmonden geschmückt sind. Die Flügelunterseiten sind in der Basalregion dunkelbraun marmoriert, am Außenrand weisen sie eine etwas hellere Randbinde auf. Verwechslungen sind möglich mit dem Kleinen Fuchs, der aber wesentlich kleiner ist und bei welchem der Saum aus blauen Halbmonden, der über den gesamten Außenrand der Flügeloberseiten verläuft, deutlich stärker hervortritt.

Lebensraum Waldränder, lichte Wälder und Streuobstwiesen oder Gärten in ganz Europa sowie in Nordafrika und Asien bis zum Himalaya.

Lebensweise Der Große Fuchs bildet nur eine Generation pro Jahr. Er überwintert als Imago und verlässt sein Versteck bereits zu Beginn des Frühlings. Die Raupen fressen Blätter von Bäumen wie Ulme, Birke und verschiedenen Arten der Gattung *Prunus* (Kirsche, Zwetschge, Mirabelle usw.), deren austretende Säfte wiederum bei den Faltern hoch im Kurs stehen.

C-Falter
Polygonia c-album

SCHMETTER-LINGE 40 bis 50 mm 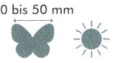 Flugperiode

Erscheinungsbild Die gezackten Flügel lassen an ein Baumblatt denken. Die Oberseiten der Flügel zeigen schwarze Flecken auf orangefarbenem Grund sowie einen dunkelbraunen Rand. Die Unterseiten sind unterschiedlich gefärbt, tragen jedoch immer das typische weiße C, dem dieser Schmetterling seinen Namen verdankt.

Lebensraum Vor allem in hellen Wäldern und an Forstwegen, aber auch auf Brachflächen und in Obstgärten.

Lebensweise Der C-Falter ist weit verbreitet und in den unterschiedlichsten Waldformen anzutreffen. Jedes Jahr entstehen zwei Generationen, deren Flügel unterschiedlich gefärbt sind: Die erste Generation weist eine hellere Färbung auf, die zweite eine dunklere. Der C-Falter legt seine Eier oft auf Brennnesseln ab, aber auch auf Haselnusssträuchern, Salweiden oder Hopfen. Er überwintert im ausgewachsenen Stadium und kann daher zu jeder Jahreszeit gesichtet werden.

Duftschuppenfleck

Rotbraunes Ochsenauge
Pyronia tithonus

EDELFALTER 35 bis 50 mm 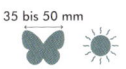 Flugperiode

Erscheinungsbild Die Oberseiten der Flügel dieses Tagfalters sind orangebraun und mit einer breiten dunkelbraunen Saumbinde eingefasst. Je ein charakteristischer Augenfleck mit zwei weißen Kernen ziert die Spitzen der Vorderflügel und scheint auch auf den Unterseiten durch. Die männlichen Falter besitzen braune Duftschuppenflecken in der Mitte der Vorderflügel. Die Unterseiten der Hinterflügel sind braun marmoriert und weisen eine helle Querbinde auf.

Lebensraum Diese Schmetterlingsart ist in ganz Europa verbreitet und besiedelt als Ubiquist unterschiedliche Lebensräume, zum Beispiel Brachland, Hecken und Waldränder.

Lebensweise Das Rotbraune Ochsenauge fliegt in nur einer Generation pro Jahr. Die Raupen ernähren sich überwiegend von Süßgräsern. Die Blumen liebenden Falter versammeln sich häufig auf Blüten von Rubus-Arten *(Rubus spec.)*, etwa Brombeeren und Himbeeren, sowie auf Lippenblütlern (Minze, Oregano usw.).

Im Wald

Große Säugetiere

Wenn man bei einer Wanderung durch den Wald oder in den Bergen einem großen Säugetier begegnet, hinterlässt das immer einen bleibenden Eindruck. Weil große Säugetiere sich meist verstecken, wenn Menschen nahen, geben oft nur die Spuren, die sie hinterlassen, einen Hinweis auf sie.

Im Wald
Den Hirsch (1) bekommt man selten zu Gesicht – er lebt tief im Wald und kommt nur in der Nacht auf die Lichtungen und Wiesen, um zu fressen. Das Wildschwein (2) zeigt sich dagegen öfter. In Wäldern voller Gestrüpp wühlt es auf der Suche nach Würmern und Insekten in der Erde und kann dabei in einer Nacht Dutzende Kilometer zurücklegen. Noch häufiger ist das Reh (3) anzutreffen. Sein Lebensraum ist das Unterholz in der Nähe von Wiesen, auf denen es grasen kann, und von Hecken, wo es mit Vorliebe die jungen Triebe und die Beeren verspeist. Manchmal zeigt sich auch ein Fuchs (4); der Dachs (5) ist dagegen nachtaktiv und nur selten zu beobachten.

Wissenswertes
Wenn der Dachs seinen Bau gräbt, bewegt er Dutzende Tonnen von Erde. Ein Dachsbau besteht aus zahlreichen Gängen, die bis zu fünfzehn Meter lang sind und bis zu vier Meter in die Tiefe reichen können. Dieses weitverzweigte Netz kann etliche Etagen und mehrere Eingänge haben.

Die Kleinen unter den Großen

Die Ginsterkatze (6) ist nur sehr selten zu beobachten. Sie wirkt wie ein kleiner Leopard, der von Ast zu Ast springt. Den Steinmarder sieht man häufiger; er kann sich besonders gut durch schmale Durchgänge manövrieren. Der Iltis verströmt einen scheußlichen Geruch, wenn er sich bedroht fühlt. Das Wildkaninchen sieht man oft, wenn es über die Wiesen springt – dabei kann es sich aber auch um einen Hasen mit seinen großen Ohren handeln.

Wissenswertes

Der Hase wird im Lauf bis zu 60 km/h schnell und kann bis zu zwei Meter hoch springen. Die Gämse kann ihrerseits bis zu zehn Meter weit springen.

Säugetiere in den Bergen

Das Säugetier, das in den Bergen am häufigsten zu beobachten ist, ist zweifelsohne das Murmeltier. Man sieht es von Mai bis September, wenn es keinen Winterschlaf hält und sich auf den Felsen in der Sonne aalt oder aufrecht vor dem Eingang zu seinem Bau steht. Gämsen kann man auf steilen Abhängen und in Felswänden beobachten. Außerdem trifft man in den Bergen Wölfe und Bären an, wenn auch nur sehr selten.

Gimpel

Erscheinungsbild Der Gimpel ist stämmig und gedrungen. Das Männchen hat eine orangerote Kehle, die geschwollen aussieht. Der Schwanz, der Kopf und die Flügel sind schwarz. Im Flug sieht man die breite weiße Flügelbinde und den weißen Bürzel. Charakteristisch ist der dreieckige, kurze, aber sehr kräftige Schnabel. Abgesehen von der gelbbräunlichen Kehle hat das Weibchen die gleiche Färbung.

Lebensraum Der Gimpel kommt im dichten Unterholz, in Obstgärten und sogar in Parks und Gärten vor. In den Bergen bevorzugt er Buchen-, Erlen- und Pinienwälder.

Verhalten Er lebt recht zurückgezogen, obwohl er in Gruppen von etwa fünf Individuen fliegt.

Wissenswertes Da er Schäden an Knospen verursachen kann, wird er oft aus Obstgärten vertrieben. Die Verwendung von Pflanzenschutzmitteln ist ein weiterer Grund für den Rückgang seines Bestandes.

Fütterung Futterhäuser nutzt er selten, frisst aber Sonnenblumenkerne, Erdnüsse, getrocknete Beeren, gehackte Nüsse oder eine spezielle Waldvögelmischung.

Eichelhäher

Erscheinungsbild Der Eichelhäher verfügt über ein charakteristisches Gefieder: Sein Körper ist größtenteils braun und hellrosa gefiedert, dabei trägt er einen blauen Flügelspiegel. Der weiße Bürzel ist im Flug deutlich zu sehen. Auffällig sind auch die dunkelbraunen Streifen am Kopf, der schwarze Bartstreif und die weiße Kehle. Im Flug sind auf den Flügeln blau-weiße Flecken zu sehen.

Lebensraum Er kommt in bewaldeten Gebieten, in großen Wäldern, aber auch in Gärten vor.

Verhalten An seinem kraftvollen, schrillen Schrei ist er leicht zu erkennen. Der Eichelhäher ernährt sich hauptsächlich von Eicheln, die er sammelt und in Bäumen versteckt oder in der Erde vergräbt. Er ist scheu und sucht nur sehr früh morgens Futterhäuser auf.

Wissenswertes Der Eichelhäher trägt den Beinamen »Waldpolizei«, da er mit seinem kräftigen, durchdringenden Schrei andere Tiere vor nahenden Gefahren warnt.

Fütterung Im Winter nimmt er Erdnüsse, große Samen und Hafer im Futterspender an.

Star

Erscheinungsbild Das Gefieder des Stars ist vollkommen schwarz und schimmert im Sonnenlicht intensiv. Außerhalb der Balz sind viele weiße Flecken zu sehen. Der gelbe Schnabel hat eine schwarze Spitze. Im Gleitflug ist die dreieckige Silhouette des Vogels gut erkennbar.

Lebensraum Er kommt in Parks und Gärten sowie in bewaldeten Gebieten vor, vor allem in Laubwäldern.

Verhalten Er lebt meist in großen, extrem lauten Gruppen, die sich in hohen Ästen oder auf Rasenflächen aufhalten und bei der Nahrungssuche unablässig in den Boden hacken. Er ist dafür bekannt, andere Vogelstimmen perfekt nachzuahmen (bis zu 20 verschiedene Arten!) und sie in sein eigenes Gezwitscher zu integrieren.

Wissenswertes Dank wissenschaftlicher Studien wissen wir heute, wie sich jedes Individuum in Schwärmen von Hunderten oder gar Tausenden von Tieren (»Starwolken«) bewegt. So können jene spektakulären Flugmanöver erklärt werden, die auf potenzielle Fressfeinde einschüchternd wirken.

Gartenbaumläufer

Erscheinungsbild Der Gartenbaumläufer ist so groß wie eine Meise. Typisch für ihn ist seine ruckartige Art, Baumstämme hochzuklettern. Er hat einen bemerkenswert dünnen, geschwungenen Schnabel. Dank seines Gefieders ist er auf Baumrinden gut getarnt. Seine Unterseite ist hingegen weiß, besonders an der Kehle, ebenso wie sein schmaler Überaugenstreif.

Lebensraum Gartenbaumläufer sind häufig in Parks und lichten Wäldern zu finden.

Verhalten Der Gartenbaumläufer ist ein extrem unauffälliger Vogel, aber nicht unbedingt scheu, wenn man ihn erst entdeckt hat.

Leicht zu verwechseln mit: Waldbaumläufer Von allen in diesem Buch aufgeführten Arten sind diese beiden am schwierigsten voneinander zu unterscheiden. Der Waldbaumläufer zeichnet sich vor allem durch seine Stimme aus. Er hat einen weißeren Bauch, einen markanteren Überaugenstreif und einen kürzeren Schnabel.

Kernbeißer

 18 cm

Erscheinungsbild Der Kernbeißer hat die gleiche Gefiederfärbung und eine genauso große weiße Flügelbinde wie Finken. Allerdings ist er größer und von gedrungener Gestalt. Typisch für ihn ist sein kräftiger, dreieckiger und hellgrauer bis bläulicher Schnabel. Sein großer Kopf ist orange, und während der Balzzeit sind die Flügelspitzen des Männchens blau. Im Flug ist das schwarz-weiße Muster auf der Unterseite der Flügel deutlich zu sehen.

Lebensraum Er kommt in Birken-, Eschen- und Buchenwäldern vor. Auch in Parks, Gärten und Obstgärten kann man ihn beobachten.

Verhalten Dank seines extrem kräftigen Schnabels kann er Kirsch- und Pflaumenkerne knacken und sich von den Früchten von Birken, Eschen usw. ernähren. Er ist still und scheu und daher schwer zu beobachten, auch wenn er sich gern auf Baumwipfel setzt.

Wissenswertes Er kommt eher zu hoch gelegenen Futterhäusern, die weit von Wohnhäusern entfernt sind.

Fütterung An ruhigen Orten lässt er sich mit Sonnenblumenkernen, Früchten (Kirschen) und Nüssen füttern.

Wiedehopf

 28 cm

Erscheinungsbild Den Wiedehopf erkennt man an seiner schwarz-weißen Federhaube (aufgestellt oder angelegt) und an seinem »zweigeteilten« Körper mit rotem oberen und schwarz-weißem unteren Teil. Er hat einen langen, leicht gebogenen Schnabel.

Lebensraum Der Wiedehopf kommt in Wäldern, Wiesen und Obstgärten vor. Er ist auch in Parks und Gärten zu finden.

Verhalten Der Wiedehopf ist recht scheu, weshalb man ihn oft zuerst an seinem Schrei (»uh-uh-uh«) erkennt, der aus weiter Ferne zu hören ist. Der Flug des Wiedehopfes erinnert an den eines Schmetterlings.

Wissenswertes Der Wiedehopf gibt ein übel riechendes Sekret ab, das potenzielle Fressfeinde von den Baumlöchern fernhält, in denen er nistet.

Fichtenkreuzschnabel

 17 cm

Brutzeit

Männchen

Weibchen

Erscheinungsbild Das Männchen des Fichtenkreuzschnabels ist rot bis ziegelfarben, besonders an der Brust. Das Weibchen ist an der Brust und am Bürzel grün bis gelb. Typisch für den Vogel ist sein gekreuzter Schnabel.

Lebensraum Den Fichtenkreuzschnabel findet man hauptsächlich in den Bergen und in Fichten, an deren Reifezeiten er sich auf seinen Wanderungen orientiert. Seltener ist er im Flachland, in Tannen und Obstgärten zu finden. Bei guter Zapfenmast fliegen viele nordische und östliche Populationen in Mitteleuropa ein.

Verhalten Der Fichtenkreuzschnabel ist nicht sehr scheu und meist in kleinen Gruppen unterwegs. Er erinnert an einen Papagei. Charakteristisch für ihn ist seine Methode, mit dem gekreuzten Schnabel Samen aus Kiefernzapfen zu picken.

Wissenswertes Die Schnabelform ist speziell dafür vorgesehen, Samen aus Zapfen zu ziehen, der Vogel kann damit keine Samen vom Boden aufsammeln.

Fütterung Frisst Sonnenblumenkerne von (senkrechten) Futterautomaten.

typische Kopfhaltung im »90-Grad-Winkel«

Kleiber oder Spechtmeise

 16 cm

Brutzeit

Erscheinungsbild Den Kleiber erkennt man am starken Kontrast zwischen dem blaugrauen Rücken und dem orangeroten Bauch. Die Kehle und die Wangen sind weiß und der Augenstreif ist schwarz. Typisch für ihn ist die Silhouette mit dem kurzen Schwanz, dessen schwarz-weiße Umrandung man im Flug gut sehen kann.

Lebensraum Kleiber findet man in Parks und Gärten mit altem Baumbestand oder im Wald.

Verhalten Der Kleiber ist die einzige Vogelart, die an einem Stamm kopfüber nach unten klettern kann. Er lebt und bewegt sich in Paaren, aber nie in Gruppen. Er ist menschenscheu, zeigt sich jedoch extrem aggressiv gegenüber anderen Arten, insbesondere an Futterstellen.

Wissenswertes Wie Meisen können Kleiber Nüsse in passende Baumspalten klemmen und mit dem Schnabel aufhacken.

Fütterung Frisst Meisenknödel sowie Sonnenblumenkerne und Nüsse in Futterhäusern.

Im Wald

Kuckuck

Erscheinungsbild Aufgrund seiner schmalen Silhouette und seines schnellen Flugs ähnelt der Kuckuck einem Greifvogel. Seine waagerechte Flughaltung und sein im Sitzen angehobener Schwanz zeichnen ihn aus. Der Bauch ist schwarz-weiß gestreift. Am Kopf, der Kehle und der Oberseite ist er hellgrau. Die Beine, Augen und die Schnabelbasis sind gelb.

Lebensraum Er lebt in denselben Gebieten wie die Vögel, die ihm bei der Fortpflanzung als Wirte dienen (insbesondere die Heckenbraunelle und Bachstelze): dichte Unterholzwälder und bewirtschaftete Felder.

Verhalten Sein typischer Schrei ist aus der Ferne zu hören, doch es ist schwer, ihn zu sehen, wenn er nicht gerade seinen Platz wechselt. Ahmt man ihn nach, nähert er sich aus Neugier. Er brütet zu unterschiedlichen Zeiten.

Wissenswertes Der Kuckuck ist ein berühmter Brutparasit: Er legt sein Ei in das Nest einer anderen Art und das 5- bis 20-mal. Seine Eier sehen wie die der Wirtsvögel aus. Wenn das Küken schlüpft, wirft es die anderen Eier aus dem Nest und bedrängt die Adoptiveltern, um gefüttert zu werden.

Haubenmeise

Erscheinungsbild Die Haubenmeise erkennt man an ihrer schwarz-weißen Haube, die sie aufstellen und anlegen kann. Sie hat einen weißen Kopf mit schwarz umrandeten Wangen, einen schwarzen Kehlfleck und einen schwarzen Kragen, der die Kehle vom Bauch trennt. Das Rückengefieder ist braun und der Bauch von einem hellen Gelbbraun.

Lebensraum Sie kommt hauptsächlich in Nadelwäldern, aber auch auf Friedhöfen sowie in Parks und Gärten vor.

Verhalten Die Haubenmeise mischt sich gern unter andere Meisengruppen. Die Art ist nicht scheu, aber still und mag dichte Verstecke, weshalb sie nicht leicht zu entdecken ist.

Wissenswertes Ihre Nahrung passt sie den verfügbaren Ressourcen an: von Insekten im Frühjahr und Sommer bis zu Körnern und Früchten im Winter.

Fütterung Sie nimmt, wenn auch nur selten, Meisenknödel, Sonnenblumenkerne und Nüsse in Futterhäusern an.

Pirol

Erscheinungsbild Der Pirol kann mit keinem anderen Vogel verwechselt werden: Das Männchen hat schwarze Flügel und das restliche Gefieder ist leuchtend gelb. Etwas weniger auffällig ist das Weibchen mit weißem, schwarz gestricheltem Bauch und olivgrünem Rücken. Pirole fliegen wellenförmig – ebenso wie Spechte.

Lebensraum Den Pirol kann man in Parks, großen Gärten und Wäldern sehen, insbesondere auf Pappeln.

Verhalten Wenn ihr Gefieder gut sichtbar ist, sind Pirole zurückhaltend und verstecken sich meist in dichtem Laub. Sie halten sich hauptsächlich in Baumwipfeln auf.

Wissenswertes Den Pirol entdeckt man häufig zuerst durch seinen überaus melodiösen, flötenden Gesang.

Buntspecht

Erscheinungsbild Das Gefieder des Buntspechts ist hauptsächlich schwarz (Kappe, Bartstreif, Rücken und Flügel) und weiß (Wangen, Hals, Bauch, Nacken, Flügelspiegel und gestrichelte Linien auf den Flügeln, die im Flug gut zu sehen sind). Der untere Bauch ist rot – beim Männchen auch der Nacken.

Lebensraum Er lebt in Wäldern, aber auch in Parks, bewaldeten Gärten und sogar in Städten.

Verhalten Im Frühjahr erkennt man ihn leicht an seinem »Trommeln« gegen Baumstämme. Auf Nahrungssuche reißt er mit dem Schnabel die Borke ab. Dann hämmert er (bis zu 10 cm tiefe) Löcher in das Holz, um sich von den dort lebenden Insekten zu ernähren.

Wissenswertes Im Frühjahr trommelt er nicht nur, um Nahrung zu finden, sondern hauptsächlich, um sein Territorium zu markieren. Dabei nutzt er alte Stämme, aber auch Dosen, Dachrinnen etc. Manchmal raubt er Jungvögel aus Nestern.

Fütterung Akzeptiert Meisenknödel, Hafer, Nüsse und Haselnüsse im Futterhaus.

Kapitel 4
In den Bergen

Hinauf auf die Gipfel! Der Aufstieg ist zwar mühsam, doch jeder Schritt lohnt sich. Auf Abhängen und Bergkämmen, auf einem Sattel oder an den Ufern eines Baches liegen oft unberührte Zonen, die ganz anders sind als die Landschaften im Tal. Welch eine Wohltat, hier durchzuatmen!

Dort oben spielt sich das Leben zwischen Felsen und Sturzbächen ab, im Wald und auf kahlen Höhen. Bäume, Wildpflanzen, Vögel und Insekten – alle haben sich an das raue Bergklima angepasst. All diese Arten sind bewundernswert robust und von wilder Schönheit.

Aber was genau ist dort oben zu entdecken, so nahe des Himmels? Was ist das für eine seltsame Blume, die man im Tal noch nie gesehen hat? Und dieser blaugraue Käfer mit den langen Fühlern – weißt heißt der eigentlich?

Preiselbeere
Vaccinium vitis-idaea

HEIDEKRAUT-GEWÄCHSE · 20 bis 50 cm · Blütezeit J F M A M J J A S O N D

Erscheinungsbild Immergrüner Zwergstrauch mit grünen Zweigen, der eine gewisse Ähnlichkeit mit der verwandten Bärentraube aufweist. Auch er hat kleine, ovale, glänzende Blätter und trägt kleine Beeren von kräftigem Rot. Der auffälligste Unterschied liegt in den weißen oder rosafarbenen, offenen Blüten, die nicht glockenförmig sind. Außerdem blüht die Preiselbeere etwas später im Jahr.

Verbreitungsgebiet und Standort In fast allen europäischen Bergregionen; auf Heideflächen, Mooren und in Nadelwäldern.

Eigenschaften Wie die Bärentraube hat auch die Preiselbeere diuretische und antimikrobielle Eigenschaften und wird hauptsächlich zur Behandlung von Harnwegsinfekten eingesetzt. Wie die meisten diuretisch wirkenden Pflanzen darf auch die Preiselbeere nicht bei Niereninsuffizienz verwendet werden. Holen Sie in diesen Fällen fachlichen Rat ein. Aus den Blättern wird Tee zubereitet. Im Handel werden auch zahlreiche Produkte angeboten, die aus den Knospen hergestellt sind. Die gekochten Früchte sind genießbar und wohlschmeckend.

Meisterwurz
Imperatoria ostruthium

DOLDENBLÜTLER · 40 bis 70 cm · Blütezeit J F M A M J J A S O N D

Erscheinungsbild Die hübsch anzusehende Meisterwurz ist eine ausdauernde, stark duftende Pflanze. Sie ist gänzlich unbehaart. Ihre Grundblätter bestehen aus drei breiten Einzelblättern, die ihrerseits in drei eiförmige Lappen geteilt sind. Die Blattränder sind tief gesägt. An dem gerieften, innen hohlen Stängel sitzen an aufgeblasenen Blattstielen kurze Stängelblätter. Die breiten Dolden aus weißen Blüten weichen kleinen, flachen, geflügelten Früchten. Wegen des Lebensraums und der eigenwillig geformten, breiten Laubblätter der Meisterwurz besteht keine Gefahr einer Verwechslung mit einem giftigen Doldenblütler.

Verbreitungsgebiet und Standort Feuchtwiesen und Ufer in den Gebirgsregionen Europas.

Eigenschaften Die Meisterwurz enthält ätherische Öle, die früher wegen ihrer Heilwirkung geschätzt wurden.

In der Küche Die Triebe und jungen Stängel werden geschält und roh gegessen. Die aromatischen, aber bitteren Blätter sollten gekocht werden. Sie eignen sich für Suppen, Tartes oder Aufläufe. Die Früchte können als Gewürz verwendet werden.

Guter Heinrich
Blitum bonus-henricus

FUCHSSCHWANZ-GEWÄCHSE · 30 bis 60 cm · Blütezeit J F M A M J J A S O N D

Erscheinungsbild Beim Guten Heinrich handelt es sich um eine ausdauernde Pflanze mit breiten, langgestielten Laubblättern, die eine auffällige, dreieckige Form aufweisen. Die grünlichen Blüten, die ährenförmig am oberen Ende der Stängel stehen, werden zu schwarzen Samen. Die oberen Blätter hinterlassen bei Berührung einen mehligen Staub an den Fingern. Die junge Pflanze darf keinesfalls mit dem Gefleckten Aronstab *(Arum maculatum)* verwechselt werden. Dessen Blätter sind dicker und glänzend, außerdem bevorzugt er waldige Standorte.

Verbreitungsgebiet und Standort Nährstoffreiche Böden in der Nähe von Ställen und Weiden in den meisten europäischen Bergregionen.

In der Küche Der Gute Heinrich ist reich an Vitaminen (A, B und C) sowie an Phosphor und Eisen. Er enthält aber auch Oxalate und sollte daher nicht regelmäßig verzehrt werden. Die jungen Blätter isst man roh, die älteren dagegen, die bitterer sind, schmecken hervorragend in Suppen, Tartes oder Aufläufen. Die Blütenstände können gedämpft werden, die Samen verwendet man, nachdem man sie zweimal in Wasser gekocht hat.

Weiße Silberwurz
Dryas octopetala

ROSENGEWÄCHSE · 5 bis 15 cm · Blütezeit J F M A M J J A S O N D

Erscheinungsbild Kleine, aber ausladende, verzweigte, ausdauernde Pflanze. Die Adern der ovalen, glänzenden Blätter treten deutlich hervor, ihr Rand ist tief gekerbt und bildet abgerundete Lappen. Auf der Unterseite sind die Blätter weißlich und behaart. Auf jedem Stängel sitzt eine Blüte mit weißen Blütenblättern und einem Kern aus gelben Staubblättern. Die Früchte sind länglich und gefiedert und erinnern an Löwenzahn.

Verbreitungsgebiet und Standort In West- und Nordeuropa sowie in Nordamerika; auf den Wiesen und den felsigen Gebieten hoher Berglagen.

Verwendung als Heilpflanze Die Silberwurz regt den Appetit an und unterstützt den Verdauungsprozess. Außerdem wirkt sie adstringierend und wird gegen Durchfall, Erkrankungen der Mundhöhle sowie Angina verabreicht. Nicht geeignet für Schwangere und Stillende. In hohen Dosen können die enthaltenen Tannine Verdauungsstörungen hervorrufen. Fachlichen Rat einholen. Üblicherweise bereitet man aus den Blättern Tee zu, den man trinkt oder zum Gurgeln verwendet.

Preiselbeere

Meisterwurz

Guter Heinrich

Gefleckter Aronstab

Weiße Silberwurz

In den Bergen

Echte Arnika
Arnica montana

KORBBLÜTLER — 20 bis 60 cm — Blütezeit: J F M A **M J J** A S O N D

Erscheinungsbild Ausdauernde, leicht behaarte Pflanze, deren ovale Grundblätter spitze bis abgerundete Enden haben und eine flache oder aufrechte Rosette bilden. Am Stängel sitzen wenige Blätter; sie sind gegenständig und ungestielt. Die hellgelben Blüten bilden an der Spitze des Stängels einen Korb, der ein wenig an Sonnenblumen erinnert. Die Früchte sind flaumtragende Samen, ähnlich wie die des Löwenzahns.

Verbreitungsgebiet und Standort Im europäischen Bergland; auf Magerwiesen, Weideflächen und Heideland.

Verwendung als Heilpflanze Arnika wirkt entzündungshemmend, schmerzlindernd und antimikrobiell und lindert daher Verletzungen aller Art (Prellungen, blaue Flecken, Wunden) sowie rheumatische Beschwerden und Gelenkschmerzen. In hohen Dosen kann Arnika die Spannung des Herzmuskels erhöhen. Immer ärztlichen Rat einholen! Aus den getrockneten Blütenkörben und den Wurzeln wird Tee, Sud oder Tinktur hergestellt, aber auch Ölauszug, der als Grundstoff für Salben dient.

Echte Edelraute
Artemisia umbelliformis

KORBBLÜTLER — 6 bis 20 cm — Blütezeit: J F M A M J **J A** S O N D

Erscheinungsbild Die Echte Edelraute ist eine kleine, ausdauernde, krautige Pflanze mit besonders aromatischem Duft. Die grundständigen Laubblätter besitzen sehr lange Stiele und sind in Lappen geteilt, die ihrerseits in linealische, spitze Abschnitte gespalten sind. Sie sind weißlich und seidig. Die gelben Blütenkörbchen sitzen zunächst in den Achseln der oberen Blätter und richten sich dann zu Ähren am oberen Ende des Stängels auf. Drei weitere Edelrauten-Arten sind in unseren Höhenlagen anzutreffen, alle sind essbar, stehen aber zum Teil unter Naturschutz. Die Unterart *Artemisia eriantha* darf zum Beispiel überhaupt nicht gepflückt werden.

Verbreitungsgebiet und Standort Felsregionen der mitteleuropäischen Gebirge bis auf 3200 Meter Höhe.

Eigenschaften Die Echte Edelraute enthält ätherische Öle und Thujon, das in großen Mengen schädlich ist, weswegen sie von Schwangeren gemieden werden sollte. Die blütenbesetzten Stängel werden zur Herstellung von Aperitifs und Likören getrocknet und in Alkohol eingelegt. Ein Beispiel ist der berühmte Kräuterlikör Chartreuse.

Gelber Enzian
Gentiana lutea

ENZIANGEWÄCHSE · 60 bis 120 cm · Blütezeit J F M A **M J J A** S O N D

Erscheinungsbild Eindrucksvolle, ausdauernde Pflanze mit kräftigem Stängel und breiten, ovalen, spitz zulaufenden Blättern. Diese sind ungestielt, wachsen gegenständig und haben längs verlaufende, hervortretende Blattadern, so wie die Blätter des Wegerichs. Die zahlreichen gelben Blüten sitzen am Blattansatz und stehen quirlig am gesamten Stängel. Der Gelbe Enzian kann mit dem Weißen Germer verwechselt werden, dessen Blätter jedoch wechselständig stehen und auf der Unterseite behaart sind.

Verbreitungsgebiet und Standort In Europa und Kleinasien; auf Weideflächen und in lichten Bergwäldern.

Verwendung als Heilpflanze Weil der Gelbe Enzian die Verdauung anregt, wird er bei Appetitlosigkeit und leichten Verdauungsstörungen (Blähungen, Krämpfe, Übelkeit) verabreicht. In Maßen anzuwenden. Nicht einnehmen bei Geschwüren und Magenschleimhautentzündung. Die Dosierung muss von einem Fachmann angepasst werden. Aus den Wurzeln wird Tee oder Tinktur zubereitet, aber auch Liköre und Schnäpse mit heilender Wirkung.

Hainsalat
Aposeris foetida

KORBBLÜTLER · 10 bis 30 cm · Blütezeit J F M A M **J J A** S O N D

Erscheinungsbild Beim Hainsalat handelt es sich um eine ausdauernde, unbehaarte Pflanze mit grundständiger Rosette aus charakteristischen, langen und tief fiederteiligen Laubblättern, wobei die zahlreichen Fiederlappen eckig sind und nach vorne hin breiter werden. Die Endfieder ist größer als die anderen und dreieckig geformt. Die gelben Blütenkörbchen bestehen ausschließlich aus Zungenblüten. Eine Verwechslung mit einer giftigen Art ist nicht zu befürchten.

Verbreitungsgebiet und Standort Kühle Wälder, Böschungen und schattige Standorte auf kalkhaltigen Böden in mitteleuropäischen Gebirgsregionen.

Eigenschaften Es ist davon auszugehen, dass der Hainsalat genau wie sein Verwandter, der Löwenzahn, reich an Nährstoffen ist. Eingehende Studien dazu gibt es bisher aber nicht. Die Blätter des Hainsalats verströmen beim Zerreiben sonderbarerweise einen Kartoffelgeruch. Sie können roh gegessen werden, zum Beispiel fein gehackt in Salaten, oder gegart und auf vielfältige Weise wie Gemüse zubereitet werden.

In den Bergen

Echte Bärentraube
Arctostaphylos uva-ursi

HEIDEKRAUT-GEWÄCHSE — 20 bis 60 cm — Blütezeit: J F M **A M J J** A S O N D

Erscheinungsbild Mit seinen langgestreckten und verzweigten rötlichen Stängeln und den immergrünen Blättern bildet dieser kleine, niederliegende Strauch ein kompaktes Geflecht. Die Blätter sind oval, dick und auf der Oberseite glänzend. Die weißen, glockenförmigen Blüten sind am Rand leicht rosa gefärbt und hängen in Trauben an den Zweigen. Aus ihnen entwickeln sich kleine, rote, runde Beeren.

Verbreitungsgebiet und Standort In Europa, Asien und Nordamerika; an schattigen, steinigen Stellen, auf Heideland oder im Unterholz von Bergregionen.

Verwendung als Heilpflanze Die Bärentraube hat eine starke diuretische und antiseptische Wirkung und eignet sich daher sehr gut zur Behandlung von Harnwegsinfekten. Sie ist ungeeignet für Kinder, Schwangere und Stillende und darf nicht länger als eine Woche am Stück angewendet werden. Vor Anwendung fachlichen Rat einholen. Aus den Blättern wird Tee oder Tinktur zubereitet, die Früchte können gegart verzehrt werden.

Schmalblättriges Weidenröschen
Epilobium angustifolium

NACHTKERZEN-GEWÄCHSE — 50 bis 150 cm — Blütezeit: J F M A M **J J A** S O N D

Erscheinungsbild Diese ausdauernde Pflanze hat wechselständige, lanzettförmige Blätter, die spitz zulaufen. Sie wachsen aufrecht und haben eine dicke zentrale Blattader, die an der Unterseite hervortritt. Auf der Spitze des rötlichen Stängels stehen in Trauben die Blüten, mit jeweils vier rosafarbenen Blütenblättern sowie vier schmalen, dunkleren Kelchblättern.

Verbreitungsgebiet und Standort Auf der ganzen nördlichen Hemisphäre; an Waldrändern, auf Brachflächen, vor allem in mittleren Berglagen.

Verwendung als Heilpflanze Das Weidenröschen wirkt adstringierend und lindert Durchfall sowie Entzündungen des Rachens, der Mundhöhle und der Darmschleimhaut. Weil es diuretisch wirkt, wird es auch bei Harnwegsinfekten verabreicht. Nicht geeignet für Schwangere und Stillende. Die Blätter werden zu Beginn der Blütezeit gesammelt und dann für Tee verwendet, zum Gurgeln oder zur Zubereitung von Tinktur.

Ährige Teufelskralle
Phyteuma spicatum

GLOCKENBLUMEN-GEWÄCHSE — 30 bis 80 cm — Blütezeit: J F M A M **J J** A S O N D

Erscheinungsbild Bei der Ährigen Teufelskralle handelt es sich um eine ausdauernde Pflanze mit mehr oder weniger breiten, länglich-herzförmigen Grundblättern mit gesägten Rändern und langen Blattstielen. Die Stängelblätter dagegen sind kurz und sitzend. Die weißen oder blauen Blüten bilden lange, dichte Ähren. Sie sind zunächst verwachsen und entfalten sich mit der Blüte. Möglich sind Verwechslungen mit anderen Teufelskrallen-Arten (die auch als »Rapunzel« bezeichnet werden) oder, solange nur die Blätter zu sehen sind, sogar mit dem Veilchen.

Verbreitungsgebiet und Standort Wälder und Weiden im Gebirge, zum Teil auch im Flachland, überall in Europa.

In der Küche Die Wurzeln der Ährigen Teufelskralle sind reich an Kohlehydraten und Mineralsalzen. Die äußerst zarten jungen Blätter werden roh als Salat gegessen. Gleiches gilt für die Blütenknospen, die man aber auch wie Spargel dämpfen kann. Die gegarten Wurzeln schmecken köstlich süß, dürfen aber nur dort gesammelt werden, wo die Pflanze in großer Zahl vorkommt.

Kleinblütige Bergminze
Clinopodium nepeta

LIPPENBLÜTLER — 20 bis 80 cm — Blütezeit: J F M A M J **J A S** O N D

Erscheinungsbild Ausdauernde, oft stark verzweigte Pflanze, deren ovale Blätter kreuzgegenständig wachsen, einen glatten oder leicht gezackten Rand haben und einen angenehmen Mentholgeruch verströmen, wenn man sie zerreibt. Während der späten Blütezeit entwickelt die Bergminze kleine, zweilippige Blüten, die gänzlich weiß oder weiß mit lilafarbenen Tupfen sind und quirlig am Stängel stehen.

Verbreitungsgebiet und Standort In den meisten europäischen Bergregionen; an Wegrändern, auf Wiesen und Ödland, jeweils auf trockenen, steinigen Böden.

Verwendung als Heilpflanze Die Bergminze wird bei Verdauungsbeschwerden, Darmkrämpfen und Blähungen verabreicht. Neuere Studien belegen, dass sie der Bildung von Magengeschwüren vorbeugt. Außerdem regt sie die Geistestätigkeit an. Alle oberirdischen Pflanzenteile können, frisch oder getrocknet, für Tee verwendet werden. Bergminze verfeinert als aromatisierende Beigabe Salate und andere Gerichte.

Echte Bärentraube

Schmalblättriges Weidenröschen

Ährige Teufelskralle

Kleinblütige Bergminze

In den Bergen

Fichte
(Rotfichte, Rottanne)
Picea abies oder Picea excelsa

KIEFERN-GEWÄCHSE   Blütezeit

Erscheinungsbild Die Fichte ist ein aufrecht wachsender Nadelbaum. Ihre Krone ist kegelförmig und sie wird bis zu 60 Meter hoch. Manche Varietäten haben hängende Äste. Die feinschuppige Rinde ist rötlich-braun. Die Nadeln sind kurz (ca. 2 cm), dunkelgrün und spitz, und wachsen oben und seitlich an den Zweigen. Die braunen Zapfen sind 10 bis 20 cm lang und hängen nach unten. Sie öffnen sich, wenn sie noch am Baum hängen, setzen kleine, geflügelte Samenkörner frei und fallen dann zu Boden.

Standort Die Fichte wächst in kalten und feuchten Regionen, und dort hauptsächlich in den Bergen.

Wissenswertes Eichhörnchen mögen die Zapfen besonders gern. Sie zupfen die Schuppen ab und fressen die darunterliegenden Samen. Weil Fichten schnell und gerade wachsen, werden sie in ebenen Regionen in Monokulturen angebaut. Sie brauchen allerdings viel Wasser, und ihre Nadeln können zur Übersäuerung des Bodens führen.

Weißtanne
(Edeltanne, Silbertanne)
Abies alba

KIEFERN-GEWÄCHSE Blütezeit

Erscheinungsbild Die Weißtanne ist ein großer, aufrecht wachsender Baum mit gleichmäßiger, kegelförmiger Krone. Sie wird bis zu 50 Meter hoch. Alte Exemplare wachsen nicht mehr in die Höhe, ihre obersten Äste jedoch oft noch zur Seite. Die Rinde ist anfangs grau und glatt, bildet mit der Zeit jedoch Schuppen und wird rissig. Die Nadeln sind anfangs hellgrün, werden jedoch sehr bald dunkelgrün. Sie sind 2 bis 3 cm lang, wachsen seitlich an den Zweigen, sind stumpf und tragen auf der Unterseite zwei silbrig-weiße Streifen. Die Zapfen sind rotbraun, ca. 4 x 15 cm groß, wachsen oben in der Krone und stehen aufrecht. Nach der Reife geben sie, noch am Baum stehend, kleine, geflügelte Samen frei, die dann vom Wind verstreut werden.

Standort Die Weißtanne wächst sehr häufig in Bergregionen, man findet sie jedoch auch in Parks und Gärten.

Wissenswertes Vor 10 000 Jahren wuchs die Weißtanne nur in wenigen Regionen Südeuropas, heute ist sie auch in Mittel- und Osteuropa zu finden.

Douglasie
(Douglastanne)
Pseudotsuga menziesii

KIEFERN-GEWÄCHSE   Blütezeit

Erscheinungsbild Die Douglasie wächst gerade und bildet eine schlanke, kegelförmige Krone. Sie wird bis zu 60 Meter hoch. Die Rinde ist anfangs glatt und grau, wird mit der Zeit jedoch bräunlich-orange und schartig. Die grünen Nadeln sind dünn und biegsam und tragen auf der Oberseite schmale weiße Streifen. Sie wachsen auf allen Seiten der Zweige. Wenn man sie zerreibt, verströmen sie einen zitronenartigen Geruch. Die Zapfen sind klein (bis zu 6 cm lang) und hängen, wenn sie reif sind, nach unten. Sie besitzen sogenannte Deckschuppen, kleine, biegsame, dreizackige Blätter, die zwischen den Samenschuppen stehen und diese überragen. Im Herbst öffnen sich die Zapfen, geben kleine, geflügelte Samen frei und fallen dann zu Boden.

Standort Die Douglasie findet sich in kleineren Vorkommen so gut wie überall in Deutschland und ist auch in Europa weit verbreitet.

Wissenswertes Die Douglasie stammt von der Westküste der USA. Dort gibt es Exemplare, die 100 Meter hoch sind!

Lärche
Larix decidua

KIEFERN-GEWÄCHSE Blütezeit

Erscheinungsbild Die Lärche hat einen geraden Stamm, eine kegelförmige Krone und wird bis zu 40 Meter hoch. Sie ist der einzige in Europa heimische Nadelbaum, der im Winter seine Nadeln abwirft. Die Rinde ist anfangs glatt und grau, wird mit der Zeit jedoch braun und bildet Risse. Die hellgrünen Nadeln sind schmal und klein. Sie wachsen an den Zweigen, aber auch an jungen Trieben. Im Herbst werden sie erst gelb und dann rot, im Winter fallen sie ab. Die weiblichen Blüten sind rötlich-rosafarben und öffnen sich im Frühjahr, wenn auch die Nadeln sprießen. Die Zapfen sind klein (2 bis 4 cm), braun und stehen aufrecht. Sie bleiben lange Zeit am Baum.

Standort Das natürliche Verbreitungsgebiet der Lärche sind die Alpen, sie wird jedoch auch in europäischen Mittelgebirgen angepflanzt.

Wissenswertes Das Holz der Lärche ist kaum anfällig für Fäulnis und wird gern beim Zimmern und zum Schreinern von Möbeln verwendet.

In den Bergen

Waldkiefer
(Waldföhre)
Pinus sylvestris

 KIEFERNGEWÄCHSE ↑ 35 m  Blütezeit J F M A M J J A S O N D

Erscheinungsbild Im Verbund mit anderen Bäumen bildet die Waldkiefer eine hoch aufragende, kegelförmige Krone, freistehende Exemplare sind dagegen eher rundlich. Sie wird bis zu 35 Meter hoch. Die Rinde ist anfangs rötlich-grau, wird dann jedoch grau und bildet braune bzw. rötliche Risse. Die Nadeln sind mittelgroß (5 bis 7 cm), füllig, manchmal gebogen und wachsen paarig auf allen Seiten der Zweige. Die Zapfen sind ziemlich klein (5 bis 8 cm) und fallen nach zwei Jahren Reifezeit vom Baum. Anfangs sind sie grün und schmal, werden dann graubraun, öffnen sich und setzen geflügelte Samen frei, die vom Wind verstreut werden.

Standort In der Natur findet man die Waldkiefer für gewöhnlich in Bergregionen, sie wird jedoch auch als Zierbaum verwendet.

Wissenswertes Weil die Waldkiefer sich leicht an die unterschiedlichsten Umgebungen anpasst, wird sie häufig bei Aufforstungen verwendet.

Hängebirke
Betula pendula

BIRKENGEWÄCHSE ↑ 30 m   Blütezeit J F M A M J J A S O N D

Erscheinungsbild Die Hängebirke hat einen schmalen Stamm, wächst aufrecht und wird bis zu 30 Meter hoch. An den Ästen ist die Rinde anfangs glatt und braun und wird mit der Zeit weiß. Am Stamm bildet sie im Lauf der Jahre Furchen und Risse sowie rautenförmige Ausstülpungen und nimmt dabei eine braun-schwarze Farbe an. Die Blätter sind klein, dreieckig oder rautenförmig, stark gezackt und nicht behaart. Im Herbst werden sie goldgelb. Die Hängebirke bildet männliche Kätzchen und weibliche Blüten, deren winzige Samen vom Wind verstreut werden.

Standort Die Hängebirke ist in ganz Deutschland und Mitteleuropa verbreitet. Sie ist robust und passt sich den unterschiedlichsten Bedingungen an, braucht jedoch viel Licht. Häufig ist sie in Parks und Gärten zu finden.

Wissenswertes Im Frühjahr lässt sich Saft aus der Hängebirke gewinnen. Man kann ihn trinken oder gären lassen, sodass er zu Birkenwein wird.

Vogelbeere
(Eberesche)
Sorbus aucuparia

ROSENGEWÄCHSE   Blütezeit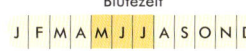

Erscheinungsbild Der Vogelbeerbaum ist meist klein, kann jedoch bis zu 20 Meter hoch werden. Die Rinde ist grau und glatt, horizontal strukturiert und wird im Lauf der Jahre rau. Die zusammengesetzten Blätter bestehen aus rund 15 sehr stark gezackten Blättchen. Die Oberseite ist dunkelgrün, die Unterseite hellgrün und im Frühjahr stark behaart. Die Blüten sind cremefarben, verströmen einen starken Geruch und werden häufig von Insekten besucht. Die Früchte sind rot, haben einen Durchmesser von ca. 1 cm und wachsen in Trauben. Die Vögel fressen sie, sobald sie reif sind, und verteilen so die darin enthaltenen Samen.

Standort Die Vogelbeere ist in Deutschland und fast ganz Europa weit verbreitet, vor allem in den Alpen, den Mittelgebirgen und der Norddeutschen Tiefebene.

Wissenswertes Die Früchte sind in Form von Marmelade oder Getränken genießbar. Die Samenkörner sind dagegen sehr giftig, Vorsicht ist also geboten.

Rotbuche
Fagus sylvatica

BUCHENGEWÄCHSE   Blütezeit

Erscheinungsbild Die Rotbuche ist ein großer Baum mit dichtem Laubwerk, der bis zu 40 Meter hoch wird. Sie bildet oft Buchenwälder, in denen im Herbst der Boden mit kupferfarbenen Blättern bedeckt ist. Die Rinde ist silbrig grau, mit flachen horizontalen Furchen. Die Blätter sind manchmal leicht gezackt, ansonsten jedoch glatt. Sie sind oval, von glänzendem Grün und etwas fester. Im Herbst färben sie sich kupferfarben, bleiben dann den Winter über am Baum und fallen im Frühjahr. Die Früchte (Bucheckern) bestehen aus einer Schutzhülle (Fruchtbecher) mit harten Härchen, die sich im Herbst öffnet und ihre braunen, dreieckigen Samenkörner freisetzt.

Standort Die Rotbuche ist in ganz Deutschland und weiten Teilen Europas verbreitet und die häufigste Laubbaumart in deutschen Wäldern. Sie wächst vor allem in feucht-gemäßigtem Klima.

Wissenswertes Bucheckern kann man, so wie Kastanien, gegrillt essen, aber auch anderweitig in der Küche einsetzen.

In den Bergen

Felsgestein

Ein Stein verheißt eine Reise durch die Zeit. Wenn man sich auf einer Wanderung durch die Natur mit den Gesteinsarten beschäftigt, die man unterwegs entdeckt, lernt man auch die Geschichte des Erdinneren kennen, wo sie im Lauf von Jahrmillionen entstanden sind.
Gesteine bestehen aus verschiedenen Mineralen und können die unterschiedlichsten Formen annehmen. Sie können hart sein, wie Steine oder Kiesel, und bei größeren Blöcken spricht man von Felsen. Felsen können aber auch brüchig sein, wie etwa Kreide, formbar wie feuchter Lehm, oder auch locker, wie der Sand, der zwischen den Fingern hindurchrieselt.

Gesteine aus den Tiefen der Erde

Manche Gesteinsarten stammen aus dem Erdinneren; sie sind durch die Aushärtung von Magma entstanden. Dazu gehören etwa Basalt (1), ein graues, hartes Gestein, das aus vulkanischem Magma entstanden ist, das sich rasch abgekühlt hat, Granit (2), der aus Quarz, Feldspat und Glimmer besteht und sich gebildet hat, als große Magmamassen im Erdinneren langsam abgekühlt sind, oder auch Trachyt (3), der aus explosiver Vulkantätigkeit hervorgegangen ist.

Wissenswertes

Granit ist der Hauptbestandteil der kontinentalen Erdkruste. Basalt bildet die Erdkruste unter den Ozeanen sowie die Oberfläche der Mondmeere.

Sedimentgesteine

Andere Gesteinsformen heißen Sedimentgesteine; sie haben sich an der Erdoberfläche oder am Meeresgrund gebildet, indem sich unterschiedliche Materialien schichtweise angesammelt, verfestigt und dabei Fossilien (4) eingeschlossen haben. Dazu gehören Lehm (5) und Kalkstein (6), aber auch Sand und Sandstein (7), der nichts anderes ist als Sand, der durch natürlichen Zement verhärtet ist.

Wissenswertes

Manchmal kann man in Gesteinen ein Fossil entdecken. Das sind Reste von Tieren (etwa Muscheln oder Panzer) oder von Pflanzen (etwa Blätter oder Äste), die sich unter der Einwirkung von Mineralen im Sedimentgestein erhalten haben. Pflanzliche Fossilien sind seltener als tierische.

Gestein, das zu Gestein wird

Sogenanntes metamorphes Gestein entsteht, wenn sich festes Gestein durch hohen Druck und hohe Temperaturen verändert. Die häufigste dieser Gesteinssorten ist Gneis (8), der aus Granit entstanden ist und aus denselben Bestandteilen besteht, aber schichtförmig ist. Schiefergestein (9) ist dagegen aus lehmhaltigem Gestein entstanden und hat eine blättrige Struktur, wie der Schiefer, der zum Dachdecken verwendet wird. Auch Marmor ist ein metamorphes Gestein; er ist aus Kalkstein entstanden.

Minerale – Bestandteile der Gesteine

Gesteine bestehen aus Mineralen. Diese sind feste Stoffe, die eine bestimmte chemische Zusammensetzung haben und in denen die Atome nach einer bestimmten Struktur geordnet sind. Sie sind von kristalliner Form. Das häufigste Mineral ist Quarz (10); er kann rosa sein, milchig-weiß oder auch violett, etwa in Form von Amethyst (11). Feldspat (12) ist das zweithäufigste Mineral. Manche Minerale bestehen aus farbigen Schichten, wie etwa Achat (13). Glimmer bildet eine Vielzahl kleiner Plättchen. Pyrit (14) schimmert metallisch-gelb und erinnert an Gold. Zu den kupferhaltigen Mineralen gehören etwa der grüne Malachit (15) oder der blaue Azurit (16).

Alpenbock
Rosalia alpina

KÄFER — 15 bis 38 mm  Flugperiode J F M A M J **J A** S O N D

Erscheinungsbild Der Körper ist durchgehend blau-grau gefärbt. An den Gliedern der kräftigen Fühler befinden sich schwarze Haarbüschel. Bei den Männchen, die kleiner sind als die Weibchen, sind die Fühler deutlich länger als der Hinterleib. Die Deckflügel sind fein behaart und tragen drei schwarze Flecken.

Lebensraum In höheren Lagen findet man den Alpenbock in Buchenwäldern, in tieferen Lagen in Auwäldern.

Lebensweise Diese prächtige Insektenart ist emblematisch für die Alpen, hat sich aber auch in anderen Regionen in Südeuropa und im südlichen Mitteleuropa verbreitet. Vermutlich geschah das, weil Baumstämme, in denen Larven eingeschlossen waren, bei Hochwasser abgetrieben wurden. Die Larven ernähren sich von totem Holz; ihre Entwicklung dauert zwei bis drei Jahre. Die ausgewachsenen Tiere leben nur rund zehn Tage, sind in dieser Zeit jedoch tagsüber sehr aktiv und friedlich.

Sibirische Keulenschrecke
Gomphocerus sibiricus

HEUSCHRECKEN — 18 bis 25 mm  Flugperiode

Erscheinungsbild Der Körper ist grün, Oberseite und Deckflügel sind braun. Die Enden der Fühler sind abgeflacht. Der Hinterleib ist hell gefärbt, die vorderen Segmente tragen schwarze Ringe. Bei den Männchen ist die Färbung dunkler und die Schienen der Vorderbeine sind deutlich verdickt. Bei flüchtigem Hinsehen ist diese Art leicht mit der Alpen-Keulenschrecke zu verwechseln.

Lebensraum Trockene Wiesen, Geröllfelder und felsiges Gelände.

Lebensweise Jede Regel hat ihre Ausnahme, und diese Bergheuschrecke hat Flügel! Man findet sie in Höhenlagen bis zu 3000 Metern, in den Pyrenäen und auf der Südseite der Alpen. Ein sicheres Erkennungsmerkmal ist auch ihr charakteristischer Gesang, ein schnarrendes Zirpen, das in Versen von 20 bis 40 Sekunden Länge vorgetragen wird. Die Weibchen legen ihr Eipaket im Herbst im Boden ab; im folgenden Frühjahr schlüpfen dann die Jungtiere.

Pyrenäen-Heuschrecke
Cophopodisma pyrenaea

HEUSCHRECKEN — 16 bis 26 mm  Flugperiode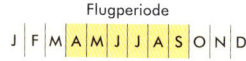

Erscheinungsbild Diese farbenfrohe Heuschrecke ist flügellos und hat einen gedrungenen Körperbau. Die Oberseite des Körpers ist grün, die Segmente des Hinterleibs tragen gelbe und schwarze Ringe. Die Flanken weisen jeweils eine Reihe schwarzer Punkte auf. Die Schenkel der Hinterbeine sind orangefarben, die Schienen hellblau und mit weißen »Dornen« besetzt. Die Weibchen sind größer als die Männchen.

Lebensraum Auf Wiesen, Trockenrasen und felsigem Gelände.

Lebensweise Diese Heuschreckenart kommt nur in wenigen Regionen der Pyrenäen vor, ist dort jedoch sehr zahlreich vertreten. Bei Sonnenschein und in Höhen über 1500 Meter ist eine Begegnung mit ihr sehr wahrscheinlich. Anhand ihres farbenfrohen Äußeren ist sie leicht zu identifizieren; schon Jungtiere in der letzten Entwicklungsphase sind eindeutig zu bestimmen. Die ausgewachsenen Tiere sind ab Ende Juni zu beobachten.

Riesenholzwespe
Urocerus gigas

HAUTFLÜGLER — 25 bis 50 mm   Flugperiode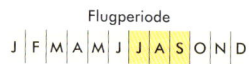

Erscheinungsbild Der Körper ist schwarz, die hellen Flügel sind leicht opak. Der Hinterleib trägt zwei gelbe Streifen, einen am Ansatz, einen am Ende. Auch die Augen, die Fühler und die Beine sind gelb. Die Weibchen haben einen langen Legebohrer.

Lebensraum Die Riesenholzwespe ist weltweit verbreitet und lebt vor allem in Nadelwäldern.

Lebensweise Angesichts ihrer beachtlichen Größe ist die Bezeichnung Riesenholzwespe durchaus berechtigt. Sie wirkt zwar einschüchternd, ist jedoch nicht aggressiv. Mit ihrem Legebohrer dringen die Weibchen tief in die Rinde von Nadelbäumen ein und legen dort ihre Eier ab. Die Larven ernähren sich vom Holz des Baumes und werden nach einem bis drei Jahren Entwicklungszeit zu ausgewachsenen Tieren.

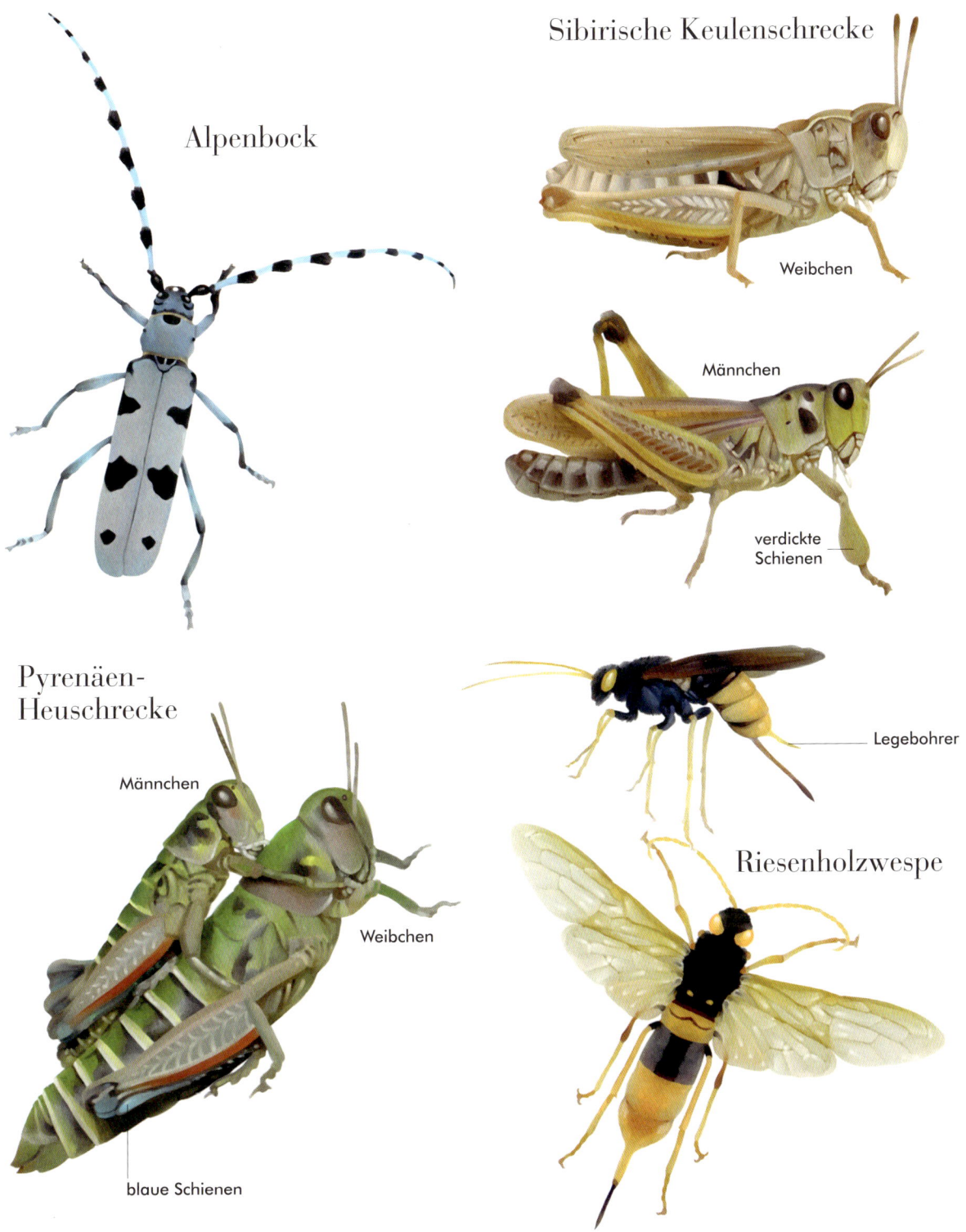

Apollofalter
Parnassius apollo

SCHMETTERLINGE — 65 bis 75 mm — Flugperiode: J F M A M J J A S O N D

Erscheinungsbild Der Grundton der Färbung ist weißlich. Die Vorderflügel weisen schwarze Punkte auf und sind am Rand transparent. Die Hinterflügel tragen weiße Augenflecken, die schwarz oder rot umrandet und auch auf der Unterseite zu sehen sind.

Lebensraum Sonnige, trockene Wiesen und felsiges Gelände.

Lebensweise Der Apollofalter ist in allen europäischen Bergregionen in Höhen zwischen 1000 und 2500 Metern anzutreffen. Er verabscheut schlechtes Wetter, und wenn sich der Himmel bewölkt, kommt er erst wieder hervor, wenn es sich aufgelockert hat. Die Eier lagern den Winter über auf der Unterseite der Blätter der Weißen Fetthenne. Weil seine Wirtspflanze vom Aussterben bedroht ist, wird auch der Apollofalter immer seltener.

Wissenswertes Die Art ist durch das Verschwinden ihrer Wirtspflanze und ihres Lebensraums stark bedroht.

Weißbindiger Mohrenfalter
Erebia ligea

SCHMETTERLINGE — 37 bis 45 mm — Flugperiode: J F M A M J J A S O N D

Erscheinungsbild Die Grundfarbe ist braun. Auf der Oberseite der Flügel verläuft am Rand ein orangefarbener Streifen mit einer Reihe schwarzer Augenflecken mit weißem Punkt. Die Augenflecken sind auch auf der Unterseite sichtbar; sie werden von einer weißen Binde gesäumt, die sich oben auf den Vorderflügeln fortsetzt. Die Art wird leicht mit anderen Mohrenfaltern verwechselt, etwa mit dem Rundaugen-Mohrenfalter oder dem Graubindigen Mohrenfalter.

Lebensraum In lichten Wäldern, auf Lichtungen, Brachflächen und an Waldrändern.

Lebensweise Der Weißbindige Mohrenfalter lebt auf Höhen zwischen 700 und 2000 Metern. Die Weibchen legen ihre Eier in Bodennähe auf Süßgräsern ab. Die Larven schlüpfen im Frühjahr und die Raupen überwintern vor der Verpuppung – die Entwicklung der Larven dauert also zwei Jahre. Die ausgewachsenen Tiere ernähren sich vom Nektar bunter Blütenpflanzen, wie etwa Skabiosen, Flockenblumen und Löwenzahn.

Kleiner Apollofalter
Parnassius corybas

SCHMETTERLINGE — 40 bis 50 mm — Flugperiode: J F M A M J J A S O N D

Erscheinungsbild Abgesehen von der Größe sieht er dem Apollofalter zum Verwechseln ähnlich. Erkennbar ist er jedoch an den roten Flecken auf der Unterseite der Vorderflügel; außerdem sind die Fühler schwarz geringelt. Die Art kennt zwei Unterarten: *Parnassius corybas sacerdos* und *Parnassius corybas gazeli*.

Lebensraum In Höhenlagen zwischen 1300 und 2800 Metern, vor allem jedoch zwischen 1800 und 2300 Metern.

Lebensweise In Europa ist der Kleine Apollofalter im Alpenraum anzutreffen. Die Unterart Parnassius corybas sacerdos lebt oft in Ufernähe, an Bächen, Seen, in der Nähe von Quellen und auf feuchten Geröllfeldern. Parnassius corybas gazeli ist weniger anspruchsvoll und in allen Geländeformen zu finden. Die Arten nutzen verschiedene Wirtspflanzen, darunter den Fetthennen-Steinbrech und Rosenwurz.

Isabellaspinner
Actias isabellae

SCHMETTERLINGE — 35 bis 55 mm — Flugperiode: J F M A M J J A S O N D

Erscheinungsbild Die grünen Flügel tragen jeweils einen schwarz umrandeten, blau-braunen Augenfleck. Bei den Männchen sind die Fühler gefiedert. Die Hinterflügel laufen in langen Schwänzen aus, die manchmal zu flattern scheinen.

Lebensraum Hauptsächlich in Nadelwäldern.

Lebensweise Der Isabellaspinner ist der mythische Schmetterling der Berge und fasziniert durch seine Schönheit seit jeher Sammler aus aller Welt. Er kommt in den Bergregionen Spaniens sowie in den Westalpen vor. Er ist nachtaktiv und tritt mit der Dämmerung in Erscheinung. Die Raupen wachsen ab Juni heran, ernähren sich von Kiefernnadeln und verpuppen sich im Herbst, um zu überwintern. Die ausgewachsenen Tiere leben nur wenige Tage und nehmen keine Nahrung zu sich. Sie schlüpfen in der Zeit zwischen April und September.

Wissenswertes Der Isabellaspinner hat es sogar ins Kino geschafft: In dem Film *Der Schmetterling* von Philippe Muyl spielt diese Art eine wichtige Rolle.

In den Bergen

Blauschillernder Feuerfalter
Lycaena helle

BLÄULINGE | 25 bis 30 mm | G | Flugperiode J F M A M J J A S O N D

Erscheinungsbild Bei den männlichen Faltern schillern fast die gesamten Flügeloberseiten metallisch-blauviolett. Bei den Weibchen sind die blauen Reflexe auf einzelne Stellen beschränkt, auf den Oberseiten ihrer Vorderflügel befinden sich orangefarbene Flächen mit schwarzen Flecken. Die Unterseiten der Flügel sind bei beiden Geschlechtern gleich und weisen eine orangefarbene Grundfärbung mit schwarzen, weiß gerandeten Punkten auf.

Lebensraum Feuchtwiesen und Ränder von Feuchtwäldern oder Mooren in den Gebirgsregionen West- und Mitteleuropas bis nach Skandinavien und an die Grenzen Sibiriens.

Lebensweise Der Blauschillernde Feuerfalter bildet nur eine Generation und erscheint recht spät im Jahr. Er schätzt offene Standorte mit reichen Beständen an Schlangen-Knöterich *(Bistorta officinalis)*, den seine Raupen fressen, der aber auch von den Faltern angeflogen wird. Die Larven beginnen am Ende des Sommers mit der Verpuppung und überwintern auch in diesem Stadium.

Graumelierter Alpen-Würfel-Dickkopffalter
Pyrgus andromedae

DICKKOPF-FALTER | 25 bis 30 mm |  | Flugperiode J F M A M J J A S O N D

Ausrufezeichen

Erscheinungsbild Kleiner Schmetterling mit dunkelgraubraun gefärbten Flügeloberseiten, die von einem schmalen weißen Saum eingefasst und auf den Vorderflügeln mit weißen Würfelflecken verziert sind. Die Unterseiten weisen eine etwas hellere Grundfärbung auf, die von weißen Feldern durchbrochen wird. In der Basalregion der Hinterflügel sind diese Felder wie ein Punkt und ein Strich geformt, sodass sie an ein Ausrufezeichen erinnern.

Lebensraum Trocken- oder Feuchtwiesen und Heiden in den Alpen, den Pyrenäen und anderen Bergregionen Europas.

Lebensweise Dieser trotz seines charakteristischen »Ausrufezeichens« recht unauffällige Schmetterling ist meist in Gewässernähe anzutreffen. Seine Raupen entwickeln sich auf Malvengewächsen oder Rosengewächsen. Er bildet nur eine Generation pro Jahr.

Fetthennen-Bläuling

Scolitantides orion

BLÄULINGE    25 bis 30 mm   **Flugperiode** J F M A M J J A S O N D

Erscheinungsbild Die schwarzbraunen und mit einem schmalen weißen Saum eingefassten Oberseiten der Flügel sind von einem blauen Schimmer übergossen. An den Außenrändern der Hinterflügel verläuft eine Reihe blauer Flecken. Ein leichter Geschlechtsdimorphismus führt dazu, dass der Blauschimmer bei den weiblichen Faltern wesentlich geringer ausgeprägt ist als bei den männlichen. Die Flügelunterseiten sehen bei beiden Geschlechtern gleich aus und besitzen eine weiße Grundfärbung mit schwarzen Flecken. Die Hinterflügelunterseiten sind mit je einer orangefarbenen Randbinde geschmückt.

Lebensraum Felsen und Grasheiden in Bergregionen. Das Verbreitungsgebiet dieser Art erstreckt sich von Spanien über ganz Europa und Mittelasien bis nach Japan.

Lebensweise Dieser hübsche Bläuling fliegt im Allgemeinen in zwei Generationen pro Jahr. Er verdankt seinen Namen seinen bevorzugten Futterpflanzen, den Fetthennen. Die Raupen werden von verschiedenen Ameisenarten aufgenommen und gepflegt *(Myrmekophilie)*. Oftmals überwintern sie verpuppt.

Hochalpen-Widderchen

Zygaena exulans

WIDDERCHEN    25 bis 30 mm   **Flugperiode** J F M A M J J A S O N D

Erscheinungsbild Nachtfalter mit dunklem, gedrungenem Körper und gelben Beinen, der eine Art flauschigen gelben »Kragen« um den Kopf trägt. Auf den fast durchsichtigen silbrig-grauen Vorderflügeln, deren weißgelb gefärbte Adern deutlich hervortreten, befinden sich fünf rote Flecken, wobei der in der Basalregion angeordnete Fleck langgezogen ist. Die Hinterflügel sind mit leuchtend roten Flächen geschmückt und besitzen einen grauen Außenrand.

Lebensraum Alpine Grasheiden in den europäischen Gebirgsregionen, zum Beispiel in den Pyrenäen und in den Alpen.

Lebensweise Die wissenschaftliche Bezeichnung *Zygaena exulans* (»Exil-Widderchen«), trägt dieser Falter zu Recht, denn man begegnet ihm fast ausschließlich in sehr hohen Lagen zwischen 2000 und 3500 Metern! Häufig kann man ihn auf Blüten oder Pflanzenstängeln sitzend beobachten. Seine Raupen sind in der Lage, sich je nach Umgebung von einem vielfältigen Pflanzenangebot zu ernähren. Er fliegt in nur einer Generation pro Jahr.

In den Bergen

Kapitel 5
In der Atmosphäre

Wie Kinder zum Himmel aufschauen und die vorüberziehenden Wolken betrachten, die den Seelenzustand der Atmosphäre offenbaren … Vom traurigen *Nimbostratus*, der Regen bringt, bis zum fröhlichen *Cumulus* an heiteren Tagen – die Wolken verraten viel über den Himmel, und wer ihre Geheimnisse kennt, kann auch das Wetter vorhersagen.

Doch die Atmosphäre birgt noch weitere Überraschungen: Beim Betrachten der Wolken in ihren unterschiedlichen Ausprägungen – vom zerfaserten weißen *Cirrus* bis zum gewaltigen *Cumulonimbus*, der wie ein Blumenkohl aussieht – kann plötzlich ein Regenbogen aufscheinen, oder ein Raubvogel schwebt vorüber.

Was ist das für eine nebelartige Wolke, die der durchscheinenden Sonne einen Hof verleiht? Oder diese, die aussieht wie eine fliegende Untertasse – wie heißt die? Und was ist das für ein Lichtstrahl, der sich über den Himmel erstreckt?

Mäusebussard

Erscheinungsbild Mäusebussarde gehören zu den häufigsten und größten Greifvögeln. Die Individuen haben zum Teil ein sehr unterschiedliches Gefieder: von Dunkelbraun über Rottöne bis zu vollkommenem Weiß. Man erkennt sie meist an der v-förmigen Zeichnung auf der Brust, ihrem Schrei und ihrer Silhouette: Sie haben einen kurzen, runden und breit gefächerten Schwanz mit dunklen Querbinden und heben im Gleitflug die Flügel leicht an, vor allem die fingerförmig gespreizten Handschwingen.

Lebensraum Sie leben in Wäldern und auf offenen Feldern und steigen auf bis zu 1500 m Höhe.

Verhalten Man sieht sie selten am Boden und meist im Gleitflug, bei dem sie die Aufwinde nutzen. Sie lassen sich auch auf Pfählen am Straßenrand nieder, um von Wildunfällen zu profitieren. Ihr Flug ist schwer und langsam.

Wissenswertes Pestizide, die lange Zeit eingesetzt wurden, haben die Eierschalen der Mäusebussarde geschwächt. Der Bestand erholt sich langsam wieder.

Sperber

 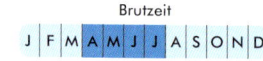

Erscheinungsbild Das Sperber-Männchen ist am oberen Rücken grau-bläulich, an Kehle und Brust rot und am Bauch weiß. Das größere Weibchen hat einen graubraunen Rücken sowie eine feine Bänderung an Brust und Bauch. Typisch für den Sperber ist seine Silhouette mit langem Schwanz und kurzen, aber breiten Flügeln.

Lebensraum Er kommt in Wäldern und auf Feldern vor.

Verhalten Charakteristisch ist sein wellenförmiger Flug mit abwechselnd schnellen Schlägen (Aufstieg) und kurzen Gleitflügen (Abstieg).

Leicht zu verwechseln mit: Habicht Er zeichnet sich durch seine große Gestalt und seinen geraden Flug mit weniger Gleitphasen aus. Der Rücken ist grau (bläulich beim Männchen). Brust und Bauch sind weiß mit schwarzen Streifen, aber nie rötlich. Er hat einen weißen Überaugenstreif (den es nur beim Sperberweibchen gibt). Die Flügel sind länger, spitzer und weniger gerundet.

Turmfalke

Erscheinungsbild Der Turmfalke ist ein sehr häufiger Greifvogel in Mitteleuropa. Man erkennt ihn an der gesprenkelten Brust, dem grauen Kopf und Schwanz sowie dem großen schwarzen Fleck unter dem Auge. Das Gefieder auf dem Rücken ist rot mit schwarzen Flecken. Die Flügelspitzen an der Oberseite der Handschwingen sind schwarz – ebenso wie die Schwanzspitze (Ober- und Unterseite). Die Beine sind gelb. Typisch für den Turmfalken ist sein Flugbild mit spitzen, schmalen Flügeln.

Lebensraum Er ist auf offenen Feldern in den Bergen zu finden.

Verhalten Im Rüttelflug ist er leicht zu erkennen: Er fliegt auf der Stelle und hält über den Feldern nach potenzieller Beute Ausschau. Bei starkem Wind kann er sich auch unbeweglich nach hinten gleiten lassen. Man sieht ihn gelegentlich auf Straßenpfosten sitzen.

Wissenswertes Turmfalkenpaare nisten auch in Großstädten (z. B. im Pariser Pantheon und dem Europaturm in Frankfurt).

Schwarzmilan

 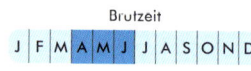

Erscheinungsbild Der Schwarzmilan ist so groß wie ein Bussard. Typisch für ihn ist sein Flugbild mit dreieckiger Schwanzform. Der ganze Körper erscheint dunkel, auch wenn die Außenflügel und der Schwanz auf der Unterseite grauer sind. Sein Kopf ist grau und kaum heller als das übrige Gefieder. Der Schnabel ist gelb mit schwarzer Spitze.

Lebensraum Er ist in der Nähe von Gewässern (Seen und Teiche), aber auch von trockenem Brachland zu finden und sucht auch auf Mülldeponien nach Nahrung.

Verhalten Er ernährt sich von Fischen und Abfällen. Schwarzmilane finden sich oft in Gruppen zusammen.

Leicht zu verwechseln mit: Rotmilan Der Rotmilan ist viel größer. Sein Schwanz ist rot und gegabelter als der des Schwarzmilans. Außerdem hat er auf der Unterseite der Flügel weiße Flecken auf den Handschwingen.

Die Wanderungen der Tiere

Jedes Jahr gehen zahlreiche Tierarten auf Wanderschaft. Dabei überwinden sie oft unvorstellbar weite und gefahrvolle Strecken. Sie verbringen eine gewisse Zeit in der Ferne und kehren dann wieder in ihre Heimat zurück.

Tiere auf Wanderschaft

Viele Vögel sind als Zugvögel bekannt, etwa die Schwalbe (1), der Schwan (2) oder die Graugans (3), deren charakteristische V-Formation im Flug den Beginn des Winters anzeigt. Aber auch zahlreiche Insekten wandern, etwa manche Schmetterlinge, sowie Fische und Säugetiere, vor allem Meeressäuger.

Bei einigen Tieren erstreckt sich die Wanderung über mehrere Generationen, etwa beim Distelfalter (4). Die erste Generation wandert Tausende Kilometer weit von Zentralafrika nach Skandinavien. Wenn dort der Winter beginnt, brechen die ausgewachsenen Tiere der zweiten oder dritten Generation auf und legen die Strecke in umgekehrter Richtung zurück.

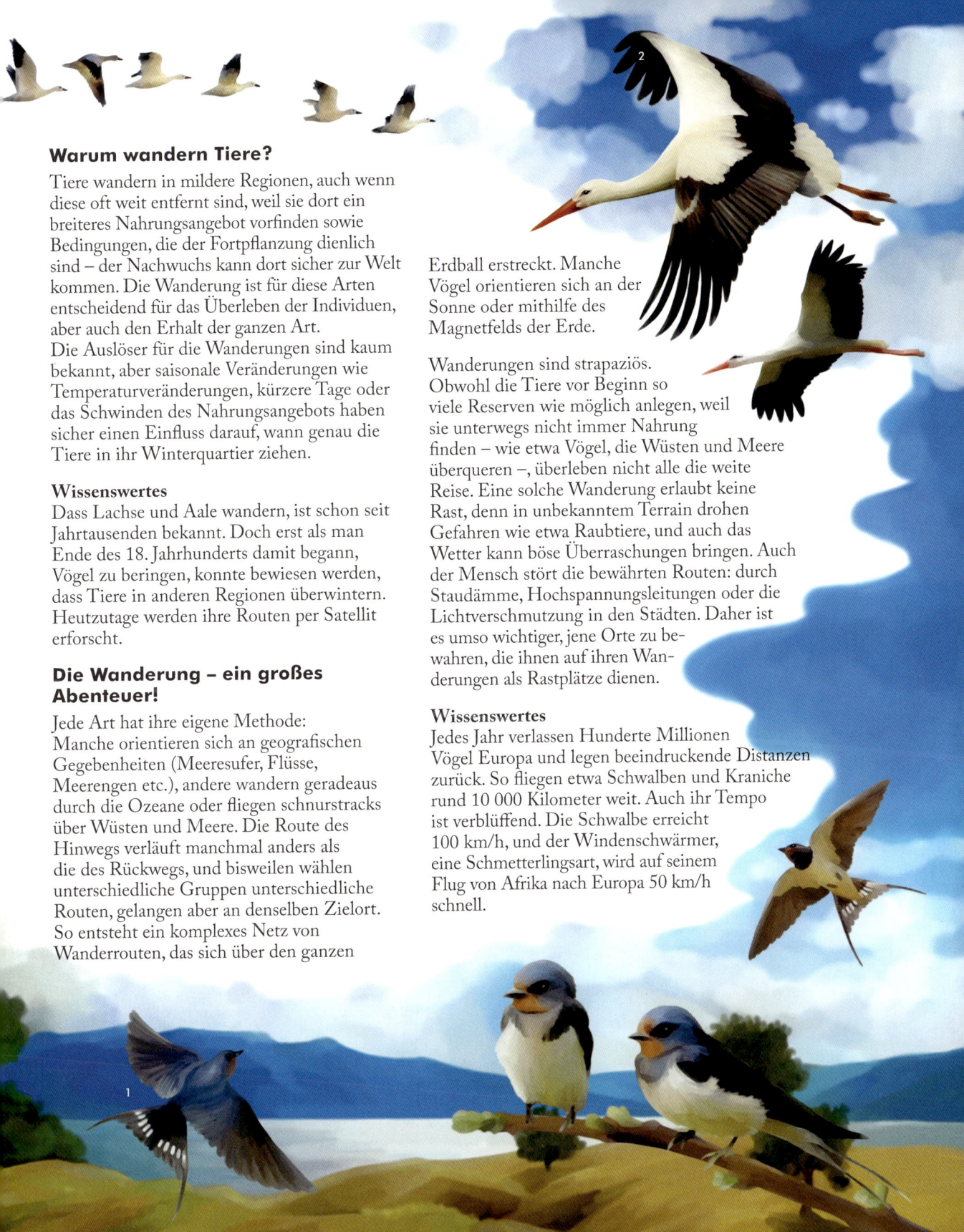

Warum wandern Tiere?

Tiere wandern in mildere Regionen, auch wenn diese oft weit entfernt sind, weil sie dort ein breiteres Nahrungsangebot vorfinden sowie Bedingungen, die der Fortpflanzung dienlich sind – der Nachwuchs kann dort sicher zur Welt kommen. Die Wanderung ist für diese Arten entscheidend für das Überleben der Individuen, aber auch den Erhalt der ganzen Art. Die Auslöser für die Wanderungen sind kaum bekannt, aber saisonale Veränderungen wie Temperaturveränderungen, kürzere Tage oder das Schwinden des Nahrungsangebots haben sicher einen Einfluss darauf, wann genau die Tiere in ihr Winterquartier ziehen.

Wissenswertes

Dass Lachse und Aale wandern, ist schon seit Jahrtausenden bekannt. Doch erst als man Ende des 18. Jahrhunderts damit begann, Vögel zu beringen, konnte bewiesen werden, dass Tiere in anderen Regionen überwintern. Heutzutage werden ihre Routen per Satellit erforscht.

Die Wanderung – ein großes Abenteuer!

Jede Art hat ihre eigene Methode: Manche orientieren sich an geografischen Gegebenheiten (Meeresufer, Flüsse, Meerengen etc.), andere wandern geradeaus durch die Ozeane oder fliegen schnurstracks über Wüsten und Meere. Die Route des Hinwegs verläuft manchmal anders als die des Rückwegs, und bisweilen wählen unterschiedliche Gruppen unterschiedliche Routen, gelangen aber an denselben Zielort. So entsteht ein komplexes Netz von Wanderrouten, das sich über den ganzen Erdball erstreckt. Manche Vögel orientieren sich an der Sonne oder mithilfe des Magnetfelds der Erde.

Wanderungen sind strapaziös. Obwohl die Tiere vor Beginn so viele Reserven wie möglich anlegen, weil sie unterwegs nicht immer Nahrung finden – wie etwa Vögel, die Wüsten und Meere überqueren –, überleben nicht alle die weite Reise. Eine solche Wanderung erlaubt keine Rast, denn in unbekanntem Terrain drohen Gefahren wie etwa Raubtiere, und auch das Wetter kann böse Überraschungen bringen. Auch der Mensch stört die bewährten Routen: durch Staudämme, Hochspannungsleitungen oder die Lichtverschmutzung in den Städten. Daher ist es umso wichtiger, jene Orte zu bewahren, die ihnen auf ihren Wanderungen als Rastplätze dienen.

Wissenswertes

Jedes Jahr verlassen Hunderte Millionen Vögel Europa und legen beeindruckende Distanzen zurück. So fliegen etwa Schwalben und Kraniche rund 10 000 Kilometer weit. Auch ihr Tempo ist verblüffend. Die Schwalbe erreicht 100 km/h, und der Windenschwärmer, eine Schmetterlingsart, wird auf seinem Flug von Afrika nach Europa 50 km/h schnell.

Cirrus uncinus

Erscheinungsbild Die Wolken der Gattung Cirrus sind die höchsten am Himmel und bewegen sich auf über 6000 m Höhe. Diese zarten weißen Wolken sehen aus wie Haare. Cirren der Art uncinus erinnern auch an Haarlocken: Man sieht komma- oder hakenförmige Fäden, die sich von der Wolke lösen.

Entstehung Nur geringe Mengen an Wasserdampf steigen in große Höhen auf und kondensieren dort, weshalb Cirren sehr dünne Wolken sind. Da sie sich in Bereichen der Troposphäre bewegen, wo die Temperaturen unter -40 °C sinken, bestehen sie ausschließlich aus Eiskristallen. Letztere fallen langsam unter die Wolke, bevor sie vom Wind fortgetragen werden. So bilden sie die Fäden, die sich von den Cirrus-uncinus-Wolken zu lösen scheinen.

Vorhersage Cirrus-Wolken bringen nie Niederschlag. Wer jedoch ihre Entwicklung beobachtet, kann wertvolle Hinweise erhalten: Wenn sich das Aussehen von Cirrus-uncinus-Wolken nicht verändert, bleibt es trocken. Wenn sie sich hingegen allmählich verdichten, ausbreiten, den Himmel bedecken und zu Cirrus spissatus werden, ist mit schlechtem Wetter zu rechnen.

Cirrus fibratus

Erscheinungsbild Cirrus-fibratus-Wolken bewegen sich in großer Höhe. Die charakteristischen weißen Haare der Cirren sind besonders lang und ziehen sich wie lange, unterschiedlich dicke und deutlich voneinander getrennte Fäden über den Himmel. Manchmal sind sie auch am Morgen als Überbleibsel von Gewitterwolken des Vortages zu sehen.

Entstehung Die langen Fäden von Cirrus fibratus bestehen aus Eiskristallen, die von starken, anhaltenden Winden fortgetragen werden, lange bevor sie wie die Uncinus-Wolken nach unten fallen. Sie bewegen sich somit nur horizontal. Durch die Brechung des Sonnenlichts in den Eiskristallen der Cirren entstehen oft Halos.

Vorhersage Wie bei Cirrus uncinus bleibt es trocken, wenn sich das Aussehen von Cirrus-fibratus-Wolken nicht ändert. Wenn Sie hingegen beobachten, dass sie ineinander übergehen, sich verdichten, allmählich den Himmel bedecken und zu Cirrus spissatus werden, kündigen sie schlechtes Wetter an.

Cirrocumulus stratiformis

Erscheinungsbild Cirrocumulus-Wolken sind seltene, flüchtige Wolken, die sich von anderen Cirren durch die körnige Zusammensetzung der von ihnen gebildeten Schichten unterscheiden: Sie ähneln weißen Reiskörnern, die am Himmel schweben und nicht breiter sind als der kleine Finger bei ausgestrecktem Arm. Cirrocumulus-stratiformis-Wolken bedecken weite Teile des Himmels. Man kann sie von Altocumulus stratiformis unterscheiden, da sie sich in größerer Höhe befinden und keine grauen Stellen aufweisen.

Entstehung Cirrocumulus-Wolken bewegen sich auf über 6000 m Höhe, bestehen aus Eiskristallen, aber auch aus unterkühlten Wassertröpfchen, die unter 0 °C im flüssigen Zustand bleiben. Diese Wolken entstehen, wenn turbulente Winde auf Cirrus- oder Cirrostratus-Wolken treffen, eine Masse von Eiskristallen in unterkühlte Tröpfchen umwandeln und sie anschließend in kleine, runde Cirrocumulus-Wolken aufbrechen.

Vorhersage Cirrocumulus-stratiformis-Wolken in großer Höhe zeugen von hoher Luftfeuchtigkeit und weisen auf instabile atmosphärische Bedingungen hin. Diese Wolken sind daher als Vorboten schlechten Wetters bekannt.

Cirrostratus nebulosus

Erscheinungsbild Die feinen, glatten nebelartigen Schleier von Cirrostratus nebulosus hellen weite Teile des Himmels auf, lassen aber das Sonnenlicht leicht durchscheinen. Cirrostratus-nebulosus-Wolken erzeugen wunderschöne Halos, wodurch man sie übrigens von Altostratus-Wolken unterscheiden kann, die ihrerseits keine Halos erzeugen. Am ehesten sind sie im Winter zu sehen.

Entstehung Cirrostratus-nebulosus-Wolken bestehen aufgrund ihrer Höhe auf über 6000 m ausschließlich aus Eiskristallen. Sie sind wie Eisnebel, die am Himmel schweben, und erzeugen besonders deutliche Halos, wenn sich das Sonnen- oder Mondlicht in den Eiskristallen bricht.

Vorhersage Wie bei Cirrostratus fibratus kündigt das Verhalten von Nebulosus-Wolken oft einen Wetterumschwung an: Wenn sie in der Ausdehnung eines Cirrus entstehen und sich dann zu Altocumulus- und Nimbostratus-Wolken verdichten, kündigen sie für die nächsten 48 Stunden Regen an.

Cirrus uncinus

Cirrus fibratus

Cirrocumulus stratiformis

Cirrostratus nebulosus

In der Atmosphäre

Altostratus

Erscheinungsbild Altostratus-Wolken kommen in mittlerer Höhe vor und sind dichter als hohe Wolken. Sie breiten sich in grauen, eintönigen Schichten aus, die den Himmel über hunderte Quadratkilometer bedecken. Diese Wolken sind so einförmig, dass sie keine Arten kennen. Die Gattung Altostratus unterscheidet sich von Cirrostratus dadurch, dass sie keine Halos erzeugt.

Entstehung Altostratus-Wolken befinden sich auf einer Höhe von 2000 bis 5000 m und bestehen aus einer Mischung aus Eiskristallen und Wassertröpfchen. Sie können aus einem Cirrostratus hervorgehen, der sich verdichtet hat, oder durch Hebung entstehen, wenn warme Luft langsam auf eine kalte Luftmasse aufgleitet.

Vorhersage Wenn Sie einen von Altostratus-Wolken bedeckten Himmel sehen, können Sie sehr bald mit Regen oder Schnee rechnen. Auch wenn diese Wolken manchmal leichten Niederschlag bringen, entwickeln sie sich normalerweise eher zu Nimbostratus-Wolken weiter, die von anhaltendem Niederschlag begleitet werden.

Altocumulus stratiformis undulatus

Erscheinungsbild Wenn Sie am Himmel Wolken sehen, die wie Wellen oder Wellenspuren im Sand aussehen, handelt es sich um Wolken der Unterart undulatus. Viele Wolkengattungen sehen wellenförmig aus, v. a. in mittlerer Höhe wie hier der Altocumulus stratiformis undulatus. Wolken dieser Unterart kommen häufig vor.

Entstehung Wolken der Unterart undulatus bilden sich, wenn warme auf kalte Luft aufgleitet und sich mit einer anderen Geschwindigkeit bewegt. Da sich mittelhohe Wolken durch Hebung bilden, bei der Warmluft auf eine kalte Luftschicht auftreibt, sind Undulatus-Wolken oft in dieser Höhe zu sehen.

Vorhersage Wolken der Unterart undulatus kündigen Hebungsvorgänge und eine Wetterverschlechterung an.

Nimbostratus

Erscheinungsbild Von allen Wolken sieht die Gattung Nimbostratus auf jeden Fall am langweiligsten aus: Sie ist dunkelgrau, einförmig und dicht genug, um Sonne oder Mond zu verdecken. Außerdem bringt sie viel Regen. Sie ist übrigens so einförmig, dass sie weder Arten noch Unterarten kennt. Neben Cumulonimbus ist Nimbostratus die einzige Wolke, die immer von Niederschlag begleitet wird: Das lateinische Wort nimbus bedeutet »Regenwolke«. Obwohl beide Wolken von unten betrachtet schwer auseinanderzuhalten sind, kann man sie an ihrem Niederschlag unterscheiden: Der von Nimbostratus kann viele Stunden andauern, wohingegen der von Cumulonimbus heftig und kurz ist.

Entstehung Nimbostratus ist eine vertikale Wolke, die sich vom Boden bis auf 3000 m Höhe erstrecken kann und in der Regel aus einer Altostratus-Wolke hervorgeht, die sich langsam nach unten hin verdichtet hat. Als »Nimbostratus« bezeichnet man sie dann, wenn Regen aus ihr fällt.

Vorhersage Per Definition ist Nimbostratus eine Unwetterwolke, die im Winter dicke Schneeschichten bilden kann.

Altocumulus floccus

Erscheinungsbild Altocumulus-floccus-Wolken bestehen aus Elementen, die kleinen Cumulus-Wolken ähneln, aber an der Wolkenbasis zerfetzt aussehen. Ihre Büschel erinnern sogar an Schafe, weshalb man sie auch »grobe Schäfchenwolken« nennt. Sie werden häufig von Fallstreifen (virga) begleitet.

Entstehung Altocumulus-Wolken bestehen aus einer Mischung aus unterkühlten Tröpfchen und Eiskristallen, befinden sich auf 2000 bis 6000 m Höhe und sind dichter als Cirrocumulus. Floccus-Wolken gehen auf instabile, feuchte atmosphärische Bedingungen zurück. Manchmal entstehen sie durch die Auflösung von Altocumulus castellanus.

Vorhersage »Wenn der Himmel gezupfter Wolle gleicht, das schöne Wetter bald dem Regen weicht«: Wenn Sie grobe Schäfchenwolken, also Altocumulus floccus, am Himmel sehen, können Sie in zwei von drei Fällen innerhalb von 24 Stunden nach ihrem Erscheinen mit Regen oder Schnee rechnen. Eine Wetterverschlechterung lässt sich bei diesen Wolken jedoch nicht so verlässlich vorhersagen wie bei Castellanus-Wolken.

Altostratus

Altocumulus stratiformis undulatus

Nimbostratus

Altocumulus floccus

In der Atmosphäre

Stratus nebulosus opacus

Erscheinungsbild Wenn bestimmte Wolkenarten wie Stratus, aber auch Altostratus, Stratocumulus und Altocumulus das Sonnen- oder Mondlicht vollständig verdecken, gehören sie zur Unterart opacus, dem Gegenteil der Unterart translucidus, welche das Gestirn und sein Licht durchscheinen lässt. Wenn eine Stratus-nebulosus-Wolke so dicht ist, dass sie kein Sonnenlicht durchlässt, wird sie daher als „Stratus nebulosus opacus" bezeichnet. Blickt man von oben – von einem Berg oder Flugzeug – auf solche Stratus-Wolken, sehen sie wie ein Wolkenmeer aus.

Entstehung Die Wolken der Unterart opacus entstehen durch die Verdichtung der Wolken, denen sie zugeordnet werden.

Vorhersage Nicht die Unterart opacus weist auf eine bestimmte Entwicklung des Wetters hin, sondern die Wolke, zu der sie gehört. Hier kündigt Stratus nebulosus opacus trotz seiner Undurchsichtigkeit nur Nieselregen an.

Stratus fractus

Erscheinungsbild Stratus-fractus-Wolken sehen aus wie zerrissene dunkelgraue Fetzen von niedrigen Wolken mit stark ausgefransten Rändern. Sie können isoliert oder unterhalb von Regenwolken wie Nimbostratus auftreten. In diesem Fall nennt man sie »pannus«.

Entstehung Diese tiefen Wolken bilden sich oft unter einer Wolke, aus der es gerade regnet, da dort die Atmosphäre wegen des durchfallenden Regens besonders feucht ist. Wenn ein leichter Aufwind aufkommt und die Luft ausreichend abkühlt, kondensiert ein Teil der Feuchtigkeit zu Stratus fractus.

Vorhersage Stratus-fractus-Wolken können leichten Nieselregen bringen. Wer sie unter einer anderen Wolke beobachtet, kann in den nächsten Minuten auf jeden Fall mit Regen oder Schnee rechnen, falls er nicht schon fällt.

Cumulus humilis

Erscheinungsbild Cumulus-Wolken sind die Wolken, die am einfachsten zu beobachten sind und unsere Vorstellungskraft am meisten beflügeln. Es handelt sich um haufenförmige Wolken mit glatter dunkler Unterseite, deren Quellungen an der Oberfläche an Blumenkohl erinnern. Zu den Cumulus-Wolken gehören auch die der Art humilis, die breiter als hoch sind und an einem sonnigen Tag langsam und meist isoliert am Himmel treiben.

Entstehung Cumulus-Wolken entstehen in niedriger Höhe durch Konvektion, wenn feuchte, am Boden erwärmte Luftmassen aufsteigen, sich allmählich abkühlen und bei Überschreiten des Taupunktes zu Wolken kondensieren. Aufgrund von Mikrozirkulationen im Inneren wächst die Wolke nach oben und erhält ein blumenkohlartiges Aussehen. Der gut abgegrenzte Wolkenboden markiert das Kondensationsniveau. Wenn sich die Wolke weiter nach oben entwickelt, wird sie zu Cumulus mediocris.

Vorhersage Wenn Sie Cumulus humilis am Himmel sehen, können Sie sicher sein, dass das Wetter gut bleibt.

Stratocumulus stratiformis

Erscheinungsbild Stratocumulus-Wolken erscheinen als große, runde Masse mit grauen Schattierungen, als nebelige Ballen mit ausgefranstem, konturlosem Boden. Diese Wolken sorgen für einen bedeckten Himmel und verdecken die Sonne. Wenn sie keine Haufen bilden, sondern weite Teile des Himmels bedecken, gehören sie zur Art stratiformis, dem häufigsten Stratocumulus. Man kann sie von Altocumulus unterscheiden, indem man den Arm ausstreckt: Ihre Elemente sind breiter als drei Finger.

Entstehung Stratocumulus-Wolken treten in niedriger Höhe auf und sind auf verschiedene Entstehungsmechanismen zurückzuführen. Zum Beispiel bilden sie sich, wenn eine Stratus-Schicht aufsteigt, aufbricht und sich verdichtet. Sie können jedoch auch aus abflachenden Cumulus-Wolken hervorgehen. Wenn sich Letztere tagsüber durch Konvektion bilden und die Wärme der Sonne am Abend nachlässt, gehen die Quellungen zurück und die Wolken werden kleiner und flacher: Cumulus wird zu Stratocumulus oder löst sich auf.

Vorhersage Auch wenn diese Wolken weder sehr dunkel noch sehr dicht sind, können sie von Nieselregen, leichten Schauern und im Winter sogar von Schnee begleitet werden.

Stratus nebulosus opacus

Stratus fractus

Cumulus humilis

Stratocumulus stratiformis

In der Atmosphäre

Cumulonimbus calvus

Erscheinungsbild Cumulonimbus-Wolken sind die eindrucksvollsten Wolken am Himmel. Da sie sehr vertikal sind und den Rand der Troposphäre streifen, kann man sie nur aus mehreren Kilometern Entfernung erkennen. Die Oberseite von Cumulonimbus calvus ist glatt, im Gegensatz zu der von Cumulonimbus capillatus, die faserig und gestreift ist. Von unten betrachtet sind Cumulonimbus-Wolken sehr dunkel und leicht mit Nimbostratus-Wolken zu verwechseln, von denen sie sich durch ihre kurzen, heftigen Niederschläge unterscheiden.

Entstehung Cumulonimbus-Wolken sind die Folge einer intensiven Konvektion, die zur Vertikalentwicklung von Cumulus-congestus-Wolken führt. Ab einer bestimmten Höhe gefrieren die Tröpfchen, die die Wolkenspitze bilden: Dann verlieren Cumulus-congestus-Wolken ihre Blumenkohlform und erhalten eine glattere, abgerundete Spitze, die typisch für Cumulonimbus calvus ist.

Vorhersage Cumulonimbus-calvus-Wolken bringen heftige Niederschläge, werden jedoch nicht so oft von Gewitter und Hagel begleitet wie Cumulonimbus capillatus.

Incus

Erscheinungsbild Die Incus-Wolke ist eine Sonderform, die an der Spitze einer Cumulonimbus-capillatus-Wolke zu sehen ist: eine riesige, faserige Plattform mit einer glatten Oberfläche, wie ein weißer Amboss, der sich über Hunderte von Quadratkilometern erstrecken kann.

Entstehung Während der Vertikalentwicklung einer Cumulonimbus-Wolke verliert ihr oberer Teil die blumenkohlartige Struktur der Cumulus-congestus-Wolke, aus der sie hervorgegangen ist. Aufgrund der Eiskristalle, aus denen sie sich in dieser Höhe zusammensetzt, nimmt sie allmählich eine faserige Struktur an. Ihre Vertikalentwicklung wird jedoch gestoppt, wenn sie die Tropopause erreicht, die Grenze der Troposphäre. Dann breitet sie sich zu den Seiten hin aus, wodurch die charakteristische Ambossform der Incus-Wolke entsteht.

Tuba

Erscheinungsbild Die Tuba-Wolke ist säulenförmig, eine Art Trichter, der manchmal unter einem Cumulus oder Cumulonimbus zu sehen ist. Es handelt sich um eine Begleitwolke, die mit der Wolke, unter der sie sich befindet, verbunden ist, ohne jedoch die Erdoberfläche zu berühren. Andernfalls würde man sie als »Tornado« oder »Wasserhose« bezeichnen.

Entstehung Konvektionswolken wie Cumulus- und Cumulonimbus-Wolken entwickeln sich durch die schnelle Hebung warmer Luftmassen, die auch anfangen können, sich zu drehen. Beim Aufstieg dehnen sie sich aus und kühlen ab. Ihre Feuchtigkeit kondensiert gelegentlich um die rotierende Luftsäule unter der Wolke herum und bildet die Wände der Tuba-Wolke. Letztere ist nicht der Wirbel selbst, sondern nur ein sichtbares Zeichen der Rotation.

Vorhersage Wenn sich eine Tuba-Wolke der Erdoberfläche nähert, entwickelt sie sich zu einem Tornado. Nähert sie sich der Meeresoberfläche, wird sie zu einer Wasserhose. Letztere gehören allerdings nicht zu den schlimmsten Tornados.

Mamma

Erscheinungsbild Mamma-Wolken sind euterähnliche Ausstülpungen unter einer Wolke, die riesigen Wassersäcken ähneln. Am eindrucksvollsten sind sie, wenn sie unter einer Cumulonimbus-Wolke zu sehen sind.

Entstehung Man hat versucht, ihre Entstehung schon durch mehrere Hypothesen zu erklären, doch sie gibt weiterhin Rätsel auf.

Vorhersage Die Fachwelt ist geteilter Meinung: Obwohl Mamma-Wolken häufig unter Gewitterwolken auftreten und daher mit diesen assoziiert werden, sieht man sie auch unter anderen Wolken wie Altocumulus. Manche glauben, dass sie Vorboten starker, bevorstehender Unwetter sind.

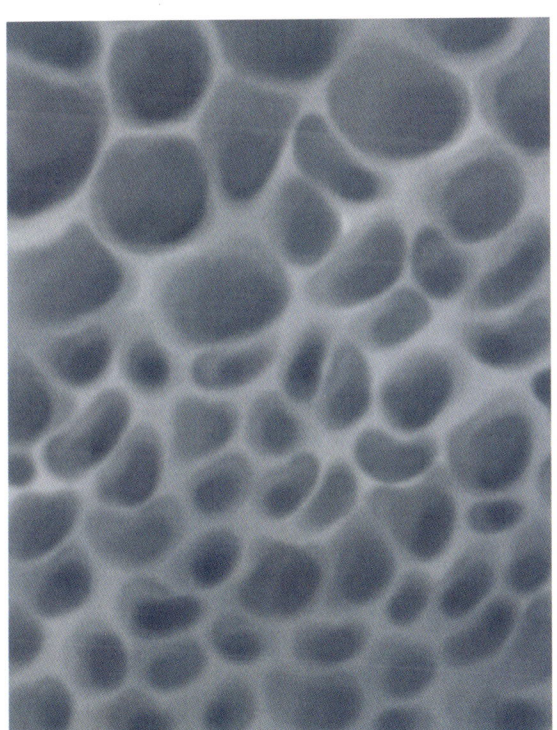

In der Atmosphäre

Fluctus

Erscheinungsbild Dieses Phänomen ist schwer zu beobachten, denn wenn es auftritt, dauert es nur wenige Minuten: Die Oberseite der Wolke ist mit eindrucksvollen Wellen bedeckt, die an eine Kinderzeichnung erinnern. Diese Wellen an der Oberseite von Wolken nennt man »Fluctus«.

Entstehung Fluctus-Wolken entstehen, wenn sich eine Haufenwolke an der Grenze einer Kaltluftschicht befindet, auf die eine sich schneller bewegende Warmluftschicht aufgleitet: Die Geschwindigkeitsunterschiede zwischen den Luftmassen verursachen Luftturbulenzen, die dieses seltsame Phänomen verursachen. Man kann es übrigens bei Wolken in jeder Höhe der Troposphäre beobachten.

Cirrus homogenitus

Erscheinungsbild Die sogenannten Homogenitus-Wolken sind menschengemachte Wolken. Mit »Cirrus homogenitus« bezeichnet man die Kondensstreifen, die Flugzeuge am Himmel hinterlassen. Sie zu erkennen ist nicht schwer: Es handelt sich um geradlinige weiße Wolken, die den blauen Himmel durchziehen.

Entstehung Kondensstreifen sind hohe Wolken wie Cirren, die sich aus dem in Flugzeugabgasen enthaltenen Wasserdampf bilden. Dieser kühlt sich aufgrund der niedrigen Temperaturen in großer Höhe ab und bildet Eiskristalle. Die Streifen können die Bildung hoher Wolken des Cirrus-Typs begünstigen.

Vorhersage Wer das Verhalten dieser Wolken beobachtet, kann daraus nützliche Informationen über die Vorgänge in großer Höhe ziehen: Wenn ein Kondensstreifen über mehrere Stunden zu sehen ist, bedeutet dies, dass die Luft dort oben feucht ist und sich das Wetter in den nächsten Tagen wahrscheinlich verschlechtern wird. Hinterlässt ein Flugzeug keine Kondensstreifen am Himmel, heißt das, dass die Luft recht trocken ist und das gute Wetter noch einige Tage anhält.

Leuchtende Nachtwolken

Erscheinungsbild Leuchtende Nachtwolken kommen nur selten vor und sind noch am ehesten zwischen dem 50. und 70. Breitengrad zu sehen. Am besten kann man sie im Sommer beobachten, in der späten Abend- oder frühen Morgendämmerung, wenn die Sonne unter dem Horizont steht und die Wolken von unten beleuchtet. Da sie sich in sehr großer Höhe befinden, sehen sie wie silbrige Fäden oder Schichten aus, die sich vom dunklen Himmel abheben. Ihr Name leitet sich vom lateinischen noctilucent ab, was so viel wie »in der Nacht leuchtend« bedeutet.

Entstehung Leuchtende Nachtwolken sind die höchsten Wolken in der Erdatmosphäre: Sie befinden sich in der Mesosphäre (siehe Kasten in der Einleitung), auf etwa 80 km Höhe. Über den Entstehungsmechanismus dieser aus Eiskristallen bestehenden Wolken ist erst wenig bekannt, da sie sich in sehr kalten und trockenen Bereichen der Atmosphäre befinden. Allerdings wird vermutet, dass Mikrometeoren dabei eine Rolle spielen.

Cavum

Erscheinungsbild Eine Cavum-Wolke hat eine etwas sonderbare Form: eine mehr oder weniger kreisförmige Fläche, die wie ein großes Loch in einer dünnen Wolkenschicht aussieht. Unter dem Loch sieht man oft Fallstreifen (virga), die aus dem mittleren Teil herausfallen.

Entstehung Es bildet sich eine Cavum-Wolke, wenn ein Teil der Tröpfchen in der Wolkenschicht sofort gefrieren, wodurch plötzlich die Dichte der Wolke stellenweise abnimmt und ein Durchbruch und Fallstreifen (virga) entstehen. Dieses Phänomen kann z. B. auf ein Flugzeug zurückgehen, das durch eine Wolkenschicht fliegt. Letztere bildet Kondensationskerne, die das schnelle Gefrieren der Tröpfchen unterstützen.

Fluctus

Cirrus homogenitus

Leuchtende Nachtwolken

Cavum

In der Atmosphäre

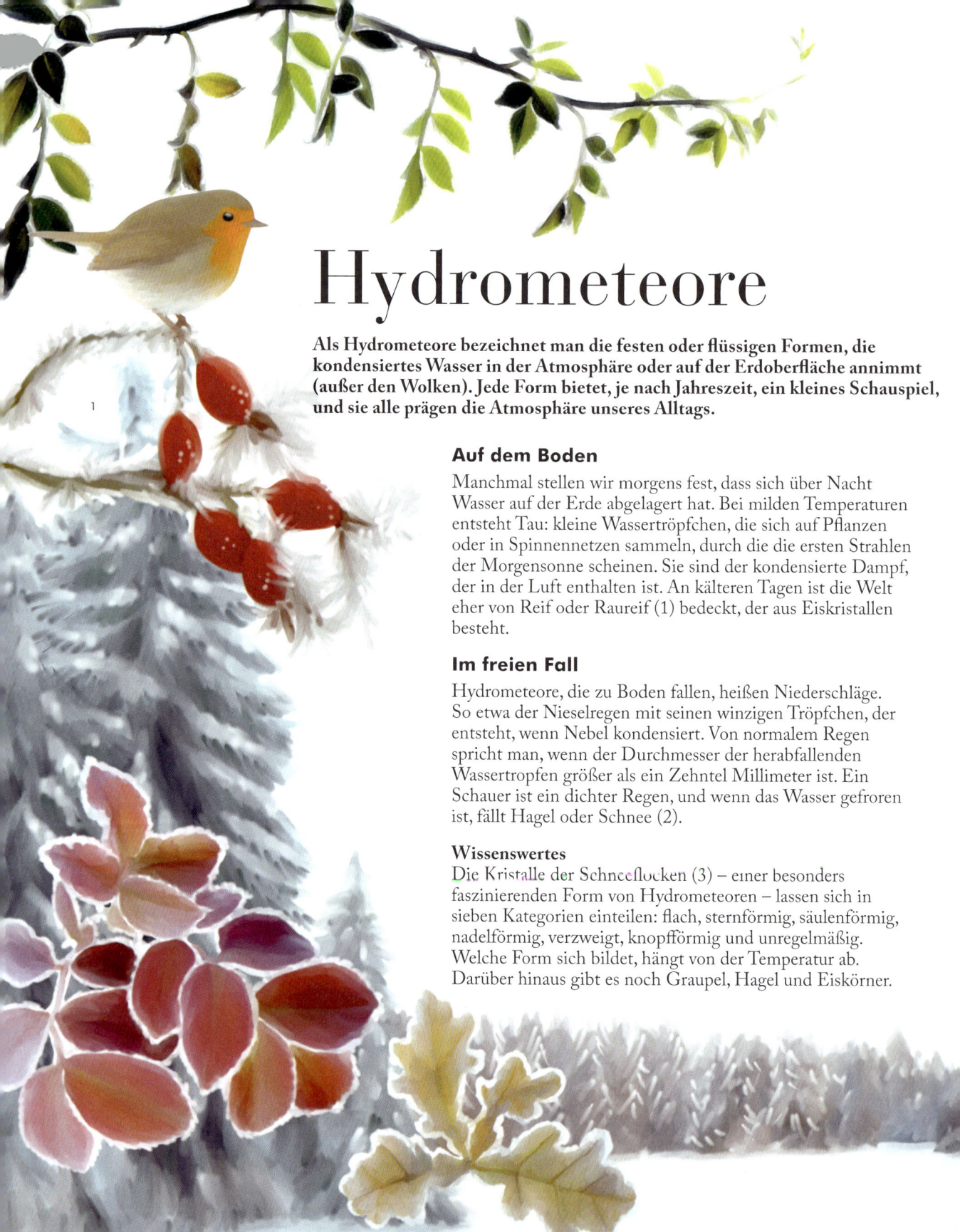

Hydrometeore

Als Hydrometeore bezeichnet man die festen oder flüssigen Formen, die kondensiertes Wasser in der Atmosphäre oder auf der Erdoberfläche annimmt (außer den Wolken). Jede Form bietet, je nach Jahreszeit, ein kleines Schauspiel, und sie alle prägen die Atmosphäre unseres Alltags.

Auf dem Boden

Manchmal stellen wir morgens fest, dass sich über Nacht Wasser auf der Erde abgelagert hat. Bei milden Temperaturen entsteht Tau: kleine Wassertröpfchen, die sich auf Pflanzen oder in Spinnennetzen sammeln, durch die die ersten Strahlen der Morgensonne scheinen. Sie sind der kondensierte Dampf, der in der Luft enthalten ist. An kälteren Tagen ist die Welt eher von Reif oder Raureif (1) bedeckt, der aus Eiskristallen besteht.

Im freien Fall

Hydrometeore, die zu Boden fallen, heißen Niederschläge. So etwa der Nieselregen mit seinen winzigen Tröpfchen, der entsteht, wenn Nebel kondensiert. Von normalem Regen spricht man, wenn der Durchmesser der herabfallenden Wassertropfen größer als ein Zehntel Millimeter ist. Ein Schauer ist ein dichter Regen, und wenn das Wasser gefroren ist, fällt Hagel oder Schnee (2).

Wissenswertes

Die Kristalle der Schneeflocken (3) – einer besonders faszinierenden Form von Hydrometeoren – lassen sich in sieben Kategorien einteilen: flach, sternförmig, säulenförmig, nadelförmig, verzweigt, knopfförmig und unregelmäßig. Welche Form sich bildet, hängt von der Temperatur ab. Darüber hinaus gibt es noch Graupel, Hagel und Eiskörner.

In der Luft
Manche Hydrometeore schweben in der Luft über dem Erdboden. Wenn sich der Wasserdampf in der Atmosphäre abkühlt und kondensiert, bilden sich kleine, schwebende Wassertröpfchen, die das Licht vielfach brechen, wodurch die Sicht eingeschränkt wird: Es entsteht Nebel oder der weniger dichte Dunst. Nebel kann auch gefrieren, sodass sich winzige, schwebende Eiskristalle bilden, die man in der Luft glitzern sieht.

Wissenswertes
Liegt die Sicht unter einem Kilometer, spricht man von Nebel. Liegt sie darüber, spricht man von Dunst.

Aufgewirbelt
Auch Wasserteilchen, die der Wind auf der Erdoberfläche aufwirbelt, sind Hydrometeore. Sind sie flüssig, spricht man von Gischt, wenn etwa auf einem Wellenkamm unzählige Wassertropfen aufgewirbelt werden. Aber auch feste Teilchen können durch die Luft getrieben werden, wie etwa Pulverschnee in einem Schneesturm.

Fontänen
Hydrometeore können auch in die Höhe schießen, wie etwa in Windhosen oder Wasserhosen, säulenförmigen Ansammlungen von Wasser und Luft, die sich von der Wolkenuntergrenze bis zum Boden erstrecken.

Kleiner Haloring
(22°-Halo)

Erscheinungsbild Ein kleiner Haloring (22°-Halo) ist ein riesiger Lichtring um die Sonne oder den Mond. Um zu überprüfen, ob Sie tatsächlich einen vor sich haben, strecken Sie einen Arm aus: Der Radius des Kreises sollte etwa so breit sein wie Ihre Hand mit gespreizten Fingern (was einem Winkel von 22° entspricht). Man sieht jedoch nur selten den ganzen Ring, sondern oft nur einen Teil davon. Bei genauem Hinsehen werden Sie feststellen, dass der innere Rand des Halos eher rötlich, und der äußere blau ist.

Entstehung Ein Halo ist ein optisches Phänomen, das bei dünnen hohen Wolken auftritt, die aus Eiskristallen bestehen, z. B. bei Cirrus-, Cirrocumulus- oder Cirrostratus-Wolken. Der Grund dafür ist die Brechung des Sonnen- oder Mondlichts in den Eiskristallen: Auf sie treffende Lichtstrahlen werden abgelenkt und wie ein Prisma zerlegt.

Vorhersage Da Halos bei hohen Wolken auftreten, weisen sie auf Feuchtigkeit in großer Höhe hin. Wenn sie sich bei Cirrostratus-Wolken bilden, ist in den nächsten 48 Stunden mit einem Unwetter zu rechnen.

Kranz
(oder Hof)

Erscheinungsbild Im Zusammenhang mit Wolken sind Kränze oder Höfe die am leichtesten zu beobachtenden optischen Phänomene: Man entdeckt sie oft um den Mond (in diesem Fall spricht man von »Hof«), aber auch um die Sonne herum. In letzterem Fall sollte man immer einen Blendschutz für die Augen verwenden. Ein Kranz bildet eine Scheibe um Sonne oder Mond, deren innere Oberfläche aus verschiedenfarbigen Ringen besteht. Achten Sie darauf, dass er nicht ring-, sondern scheibenförmig ist, um ihn nicht mit einem 22°-Halo zu verwechseln. Nicht alle Höfe sind so farbenfroh wie der auf der Abbildung.

Entstehung Kränze oder Höfe entstehen durch die Beugung des Sonnen- oder Mondlichts an den Mikrowassertröpfchen, aus denen Wolken bestehen. Dadurch kommt es zu Interferenzen, die farbige Streifen erzeugen. Je kleiner die Tröpfchen sind, desto größer ist der Kranz oder Hof.

Vorhersage Kränze oder Höfe treten zusammen mit verschiedenen Wolken am Himmel auf, deren Gattung einen Hinweis auf das kommende Wetter geben kann.

Regenbogen

Erscheinungsbild Regenbögen sind zweifellos das bekannteste optische Phänomen, das zusammen mit Wolken auftritt. Auch wenn sie nicht das häufigste sind (Halos kommen öfter vor), sind sie sehr leicht zu beobachten. Wenn Sie einen Regenbogen finden möchten, stellen Sie sich mit dem Rücken zur Sonne, die nicht zu hoch am Himmel stehen darf, und beobachten Sie den Regen, der vor Ihnen fällt. Ein Regenbogen wird oft von einem sekundären, weniger hell leuchtenden Regenbogen begleitet, dessen Farben umgekehrt sind und der von Ersterem durch ein dunkles Band – »Alexanders dunkles Band« – getrennt wird. Manchmal wird der Hauptbogen durch Nebenregenbögen verbreitert.

Entstehung Ein Regenbogen entsteht, wenn das Sonnenlicht gebrochen, reflektiert und dann erneut in Regentropfen gebrochen wird. Durch die doppelte Brechung werden die Farben des Lichtspektrums zerlegt. Aufgrund der Spiegelung werden diese Farben zu unseren Augen zurückgeworfen.

Vorhersage Ein Regenbogen kommt vor, wenn die Sonne scheint und Regen fällt. Meist entsteht er bei einer Cumuluscongestus- oder einer Cumulonimbus-Wolke. Er erscheint in der Regel am Ende eines Regenschauers, wenn sich die Wolken zurückziehen und die Sonne wieder scheint.

Blitze

Erscheinungsbild Schillernde Lichtstreifen, die aus einer bedrohlichen dunklen Wolke über den stürmischen Himmel zucken, lassen niemanden gleichgültig zurück und lösen sowohl Faszination als auch Schrecken aus – nicht zuletzt wegen der Gefahr, dass sie an der falschen Stelle einschlagen könnten. Auf einen Blitz folgt immer Donner.

Entstehung Blitze sind plötzliche elektrische Entladungen, die während eines Gewitters von Cumulonimbus-Wolken erzeugt werden. Dabei entlädt sich schlagartig eine große Menge statischer Elektrizität, die sich in der Wolke angesammelt hat. Donner ist eine Schallwelle und wird durch die plötzliche Ausdehnung der vom Blitz erhitzten Luftsäule ausgelöst.

Vorhersage Wenn Sie Blitze sehen, befinden Sie sich nahe oder unter einem Gewitter, das bei den höchsten Wolken am Himmel auftritt: den Cumulonimbus-Wolken.

Kleiner Haloring (22°-Halo)

Kranz (oder Hof)

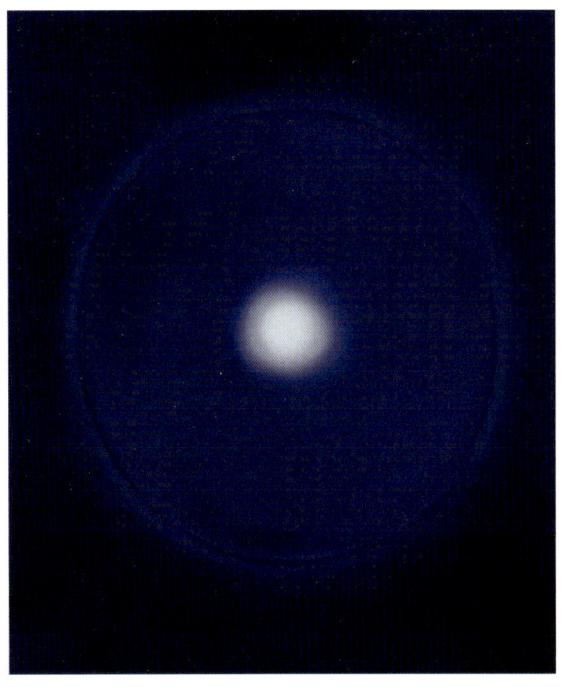

Regenbogen

Blitze

In der Atmosphäre

Kapitel 6
Im Universum

Der Himmel ist wolkenlos, die Sonne geht unter und der Vorhang des blauen Himmels hebt sich und enthüllt das Universum. Nun kann man es sich bequem machen, weitab von künstlichen Lichtquellen, und mit dem einfachsten Instrument, das es gibt, dem bloßen Auge, die Dämmerung und das Firmament beobachten und vielleicht sogar unter freiem Himmel schlafen …

Im Zwielicht der Dämmerung werden die ersten Sterne sichtbar. Jetzt kann man Sternbilder suchen, Planeten identifizieren und Galaxien bestaunen, und mit etwas Glück sieht man auch Sternschnuppen. Man kann den Himmel kennenlernen, sich mit ihm vertraut machen und den eigenen Platz im Weltall finden.

Es verspricht, eine schöne Nacht zu werden. Aber was ist das da für ein weißer Streifen am Himmel? Und dieses Sternbild dort? Und dieser neblige Fleck – was ist das?

Sonne

Orientierung am Himmel Die Sonne gehört zu den seltenen Sternen, die am helllichten Tag zu beobachten sind. Dieser uns am nächsten gelegene Stern geht jeden Tag als leuchtende Kugel im Osten auf, erreicht seinen Zenit und geht im Westen wieder unter.

Beobachtung Wegen des Risikos irreversibler Augenverbrennungen dürfen Sie die Sonne NIE mit bloßem Auge beobachten, sondern müssen immer eine Schutzbrille tragen. Wer im Lauf der Jahreszeiten ihre unterschiedlichen Auf- und Untergangszeiten sowie ihre Bahn am Himmel beobachtet, kann sich schon leichter in den astronomischen Zeitläufen zurechtfinden.

Wissenswertes Im heißen Kern dieses mittelgroßen Sterns verschmilzt Wasserstoff zu Helium, wodurch Energie in Form von Strahlung freigesetzt wird.

Mythologie Die Sonne ist in allen Kulturen ein mächtiges Symbol und wurde oft mit dem Männlichen assoziiert (der Sonnengott Re im alten Ägypten oder Huitzilopochtli bei den Azteken). Für die Menschen in Nordeuropa ist sie hingegen immer weiblich gewesen (so auch für die Germanen, die glaubten, dass eine Göttin den Sonnenwagen lenkt).

Nacht

Theorie Wenn die Sonne hinter dem Horizont und die Farben der Abenddämmerung verschwunden sind, bricht die Dunkelheit an. Dann sind bis zum Beginn der Morgendämmerung weiter entfernte Himmelsobjekte sichtbar. Die Länge der Nacht variiert je nach Breitengrad und Jahreszeit.

Beobachtung Nachts verschwindet das Sonnenlicht, das uns daran hindert, andere Sterne zu sehen: In mondlosen Nächten und fernab von Lichtverschmutzung sind bis zu 3000 Sterne mit bloßem Auge zu erkennen. Das Himmelszelt, auf dem die Sterne im Verhältnis zueinander unbeweglich erscheinen, bewegt sich aufgrund der Rotation der Erde um sich selbst im Lauf der Nacht von Ost nach West. Mit bloßem Auge können Sie am Nachthimmel sogar unsere Galaxie, die Milchstraße, Sternhaufen, Nebel und andere weit entfernte Galaxien sehen.

Wissenswertes In der Dunkelheit sehen unsere Augen zunächst fast gar nichts, doch nach mehreren Minuten passen sie sich an: Unsere Pupillen weiten sich je nach Lichteinfall und unsere Augen nehmen immer schwächer leuchtende Objekte wahr.

Ballett der Sterne

Theorie Die Erde dreht sich um sich selbst und verursacht so den Wechsel von Tag und Nacht. Die Sonne geht im Westen unter, weil sich die Erde dreht, und nicht, weil sich die Sonne bewegen würde. Wie die Sonne ist der gesamte Himmel in ständiger Bewegung von Ost nach West.

Beobachtung Von einem Fixpunkt wie einem Baum aus können Sie beobachten, wie sich im Lauf der Nacht die Sterne gemeinsam am Himmel von Ost nach West bewegen und um einen Stern kreisen, der wiederum unbeweglich ist: den Polarstern, auf den die Rotationsachse der Erde zeigt. Auch wenn die Planeten der Bewegung des Sternenhimmels von Ost nach West folgen, bewegen sie sich in Relation zu den Sternen: Dies wird deutlich, wenn Sie ihre Positionen an mehreren aufeinanderfolgenden Tagen zu einer festen Uhrzeit beobachten.

Wissenswertes Im Sonnensystem kreisen die Planeten in einer Ebene um die Sonne. Von der Erde aus gesehen, scheinen sie sich auf der Projektion dieser Ebene – der sogenannten Linie der Ekliptik – zu bewegen. Um diese herum befinden sich alle Tierkreiszeichen, in deren Richtung auch die Planeten zu beobachten sind.

Internationale Raumstation (ISS)

Beobachtung Die Internationale Raumstation (ISS) ist das größte von Menschen geschaffene Objekt in der Umlaufbahn der Erde. Sie umrundet die Erde in 92 Minuten und fliegt mehrmals am Tag über uns hinweg. Allerdings ist sie nur an einem relativ dunklen Himmel mit bloßem Auge sichtbar und muss so positioniert sein, dass sie das Sonnenlicht zu uns reflektiert (wie die Planeten und andere Satelliten strahlt sie selbst kein Licht aus).

Unter optimalen Bedingungen ist die ISS das dritthellste Objekt am Nachthimmel und macht der Venus Konkurrenz: Man kann sie in wenigen Minuten über den Himmel rasen sehen. Es gibt viele Apps, die über die Uhrzeiten des Überflugs informieren.

Wissenswertes Die ISS, ein einzigartiges Experimentierfeld für die Natur- und Biowissenschaften und zugleich eine Beobachtungsplattform für die Erde und das Universum, wird permanent von einem internationalen Astronautenteam bewohnt. Sie ist 109 Meter lang und 73 Meter breit, besteht aus etwa 15 unter Druck stehenden Modulen und wird über eine 4500 m² große Solarzellenfläche mit Energie versorgt.

Sonne

Nacht

Ballett der Sterne

Internationale Raumstation

Im Universum

Venus

Beobachtung Die Venus ist der Planet, der nach Merkur der Sonne am nächsten ist. Dank ihrer unvergleichlichen Helligkeit ist sie sehr leicht zu beobachten: Nach Sonne und Mond ist sie das hellste Gestirn und gut im Dämmerlicht zu sehen.

Über mehrere Monate hinweg taucht die Venus nach Sonnenuntergang als erstes Gestirn am Abendhimmel im Westen auf, verschwindet dann für eine Zeit und erscheint in den folgenden Monaten morgens vor Sonnenaufgang im Osten. Allerdings kann man sie nie mitten in der Nacht sehen. Sie wird manchmal auch Schäferstern genannt, weil sie den Schäfern früher nützlich gewesen sein soll.

Wissenswertes Die Venus ist ein erdähnlicher Planet und etwas kleiner als die Erde. Aufgrund des starken Treibhauseffekts an ihrer Oberfläche ist sie der wärmste Planet des Sonnensystems. Ihr leuchtendes Funkeln verdankt sie der dichten, stark reflektierenden Wolkendecke, die sie umgibt.

Mythologie Dieser Planet ist nach Venus benannt, der römischen Göttin der Liebe und Schönheit. Ihr verdankt in den romanischen Sprachen der Freitag seinen Namen (z. B. Frz. *vendredi*, abgeleitet vom lateinischen *Dies Veneris* – »Tag der Venus«).

Mars

Beobachtung Da sich die Entfernung des Mars von der Erde und damit auch die scheinbare Größe und Helligkeit des Planeten stark verändern, ist er am leichtesten zu erkennen, wenn er der Erde am nächsten kommt: in den Monaten um seine Opposition. Dann ist er nach der Venus das hellste Gestirn (was sonst der Jupiter ist) und von Sonnenuntergang bis Sonnenaufgang deutlich zu sehen. Allerdings bleibt der Mars fast das ganze Jahr über mit bloßem Auge sichtbar: Er ist ein rötlicher Stern, der gern mit dem Antares verwechselt wird – einem leuchtend roten Stern, dessen Name »Rivale des Mars« bedeutet.

Wissenswertes Der Mars ist der Planet, der der Erde am nächsten ist, und wird auch »Roter Planet« genannt, weil seine Oberfläche mit einem eisenoxidreichen Staub bedeckt ist, der ihm sein rötliches Aussehen verleiht. Der Planet verfügt über zwei polare Eiskappen, die aus gefrorenem Kohlendioxid und Wasser bestehen. Das Wasser dort ist zwar längst nicht mehr flüssig, aber doch vor langer Zeit über die Marslandschaft geflossen. Der Planet hat zwei Monde: Phobos und Deimos.

Mythologie Wegen seiner blutroten Farbe ist der Mars nach dem römischen Kriegsgott benannt. Der Name Dienstag ist eine Lehnübertragung von lateinisch *Dies Martis*, »Tag des Mars«.

Jupiter

Beobachtung Am Nachthimmel ist Jupiter nach der Sonne, dem Mond und der Venus das vierthellste Gestirn, das mit bloßem Auge sichtbar und daher leicht zu bestimmen ist.

Der Planet umkreist die Sonne in zwölf Jahren, weshalb er jedes Jahr in einem anderen Sternbild zu sehen ist.

Wissenswertes Jupiter ist der größte Planet des Sonnensystems und 1300-mal so groß wie die Erde. Der Gasplanet besteht hauptsächlich aus Wasserstoff und Helium. Seine Zusammensetzung ist der der Sonne sehr ähnlich. Wäre er massereicher, hätte der Druck in seinem Inneren zu Kernreaktionen geführt und er wäre – wie Astronomen glauben – ein Stern geworden. Wie bei anderen Gasplaneten auch peitschen heftige Stürme über seine Oberfläche hinweg. Jupiter hat mehrere Dutzend Monde, von denen die vier größten Io, Europa, Ganymed und Kallisto sind.

Mythologie Der Planet ist nach dem mächtigen römischen Gott Jupiter benannt, dem Herrscher über Himmel und Erde. Im Germanischen wurde er mit dem Donnergott Donar/Thor gleichgesetzt, nach dem der Donnerstag benannt wurde.

Saturn

Beobachtung Saturn ist von der Sonne aus gesehen der sechste Planet und von uns aus der am weitesten entfernte Planet, der mit bloßem Auge sichtbar ist: Seine Helligkeit ist daher schwächer als die der anderen Planeten, aber dennoch mit der der hellsten Sterne vergleichbar. Da Saturn die Sonne in 29 Jahren umkreist, können Sie ihn mehr als zwei Jahre im gleichen Sternbild beobachten.

Wissenswertes Über die Oberfläche dieses Gasriesen, der etwas kleiner als Jupiter ist, ziehen gewaltige Winde und die längsten Gewitter des Sonnensystems hinweg. Seine Dichte ist geringer als die von Wasser, weshalb der Planet schwimmen könnte (auf einem entsprechend großen Ozean). Doch vor allem ist Saturn für seine schönen Ringe aus Felsblöcken und Eis bekannt. Er verfügt auch über mehrere Dutzend Monde, von denen der größte Titan ist, der einzige Mond im Sonnensystem mit einer nennenswerten Atmosphäre.

Mythologie Der Planet wurde nach dem römischen Gott Saturn benannt. Der Samstag ist der Tag des Saturns.

Im Universum

Sternschnuppen

Theorie Wenn die Erde die Staubwolken durchquert, die ein Komet hinter sich herzieht, treten zahllose Staubkörnchen in die Atmosphäre ein. Die Reibung mit der Luft, die dabei entsteht, verursacht helle, gut sichtbare Streifen, oftmals mehrere Dutzend pro Stunde – die Sternschnuppen.

Beobachtung Sternschnuppen treten regelmäßig auf. Sie werden nach den Sternbildern benannt, aus denen sie hervorzutreten scheinen; wenn man sie sehen will, muss man also in die entsprechende Richtung schauen. Mitte Dezember sind etwa die Geminiden zu sehen, und Mitte August die Perseiden, ein Meteorstrom, der aus dem Staub des Kometen Swift-Tuttle besteht.

Wissenswertes Die Perseiden sind sehr bekannt, weil man sie auf der Nordhalbkugel im Hochsommer oft bei idealen Bedingungen beobachten kann. Die meisten Sternschnuppen sieht man dann zwischen 2 und 4 Uhr morgens: zwischen zehn und dreißig pro Stunde.

Mondfinsternis

Theorie Bei einer Mondfinsternis befindet sich die Erde genau zwischen Sonne und Mond, was nur bei Vollmond möglich ist. Wenn der Mond vollkommen verdeckt ist, spricht man von einer totalen und sonst von einer partiellen Finsternis.

Beobachtung Bei einer totalen Mondfinsternis blockiert der Schatten der Erde das Sonnenlicht, doch ein winziger Teil davon wird beim Durchgang durch die Erdatmosphäre abgelenkt: Dieses Licht erreicht den Mond, der daraufhin für etwa eine Stunde rötlich aussieht. Eine Mondfinsternis können Sie mit bloßem Auge ohne Schutzbrille beobachten. Sie sind – wie die der Sonne – vorhersehbar, aber häufiger: Sie finden etwa zweimal im Jahr statt und sind vom gesamten nächtlichen Teil der Erde aus sichtbar.

Wissenswertes Mithilfe von astronomischen Tabellen sagte Christoph Kolumbus 1504 eine Mondfinsternis voraus, um die indigene Bevölkerung Jamaikas zu beeindrucken und zur Hilfe zu bewegen.

Sonnenfinsternis

Theorie Bei einer Sonnenfinsternis steht der Mond zwischen Sonne und Erde, was nur bei Neumond möglich ist. Wenn die Sonne vollkommen verdeckt ist, spricht man von einer totalen und sonst von einer partiellen Sonnenfinsternis.

Beobachtung Bei einer Sonnenfinsternis (die Sie unbedingt durch eine spezielle Schutzbrille beobachten müssen, da Sie sonst sehr schwere Augenverbrennungen riskieren) schiebt sich der Mond langsam vor die Sonne und verdeckt sie bei einer totalen Finsternis vollständig. Für einige Minuten ist es dann sehr dunkel, die hellsten Sterne tauchen am Himmel auf und ein Lichtkranz breitet sich um die Mondscheibe aus: Dabei handelt es sich um die Sonnenkorona, die zu dunkel ist, um tagsüber sichtbar zu sein. Das Phänomen der Sonnenfinsternis tritt nicht zufällig auf, sondern ist vorhersehbar und alle zwei bis drei Jahre zu beobachten, jedoch nur in bestimmten Weltregionen.

Wissenswertes Die Sonnenfinsternis von 1919 bestätigte eine Vorhersage aus Einsteins berühmter Allgemeinen Relativitätstheorie und bewies die Richtigkeit seiner Theorie.

Polarlicht

Theorie Polarlichter werden durch die Wechselwirkung des Sonnenwindes mit der Atmosphäre verursacht. Die von der Sonne ausgestoßenen Teilchenströme treffen auf das Magnetfeld der Erde, das als Schutzschild wirkt und sie in Richtung der Erdpole lenkt. Dort ionisieren sie in der oberen Atmosphäre die Atome, die dann das Licht ausstrahlen.

Beobachtung Polarlichter sind große, helle und farbenfrohe Phänomene am Nachthimmel und in den Regionen der Erde zu sehen, die den Polen am nächsten liegen. Im Norden werden sie als Nordlicht und im Süden als Südlicht bezeichnet. Wenn ein seltener starker Sonnensturm auftritt, können wir Polarlichter auch in unseren Breitengraden beobachten. Durch die Überwachung der Sonnenaktivität lassen sie sich vorhersagen. Darüber informieren verschiedene Apps.

Wissenswertes Die Farben des Polarlichts hängen von den ionisierten Atomen ab. Die Wechselwirkungen zwischen Sonnenteilchen und Atomen finden in großer Höhe statt, wo es reichlich Sauerstoff gibt, der bei der Ionisierung hauptsächlich grün strahlt. Aus diesem Grund ist das Polarlicht häufig in dieser Farbe zu sehen.

Sternschnuppen

Mondfinsternis

Sonnenfinsternis

Polarlicht

Im Universum

Der Mond

Der Mond entstand durch den Zusammenprall eines gigantischen Himmelskörpers mit der noch jungen Erde. Milliarden Tonnen von Gestein wurden erst ins Weltall geschleudert und verdichteten sich dann unter dem Einfluss der Gravitation zu einem neuen Himmelskörper: dem Mond. Er ist der einzige natürliche Satellit der Erde und nach der Sonne der hellste Stern am Himmel.

Beobachtung

Am besten beobachtet man ihn nachts, wenn er nicht voll ist und die Grenze zwischen hellem und dunklem Teil klar zu erkennen. Mit bloßem Auge sieht man helle Bereiche – hügelige und gebirgige Regionen, die von Kratern zerfurcht sind – sowie dunkle Bereiche, die sogenannten Meere – ausgedehnte Felder, die mit Lava bedeckt sind.

Die Mondphasen (1)

Der Mond kreist um die Erde, die ihrerseits um die Sonne kreist. Von der Erde aus sehen wir den Teil des Mondes, der von der Sonne erhellt wird; er verändert sich zyklisch, je nachdem, wie die drei Gestirne zueinander stehen. Ein Zyklus dauert 29,5 Tage und ist in mehrere Phasen unterteilt. Diese Mondphasen bieten einen Anhaltspunkt in der Zeit und waren die Grundlage für die ersten Kalender.

Die Gezeiten

Die Gezeiten in den Ozeanen entstehen durch die Gravitationskräfte des Mondes und der Sonne. Je nach ihrer Position verstärken sich die Wirkungen der beiden Gestirne gegenseitig (hohe Tide) oder schwächen sich gegenseitig ab (niedrige Tide). Die Schwerkräfte des Mondes und der Sonne wirken sich jedoch nicht nur auf das Wasser aus; Ebbe und Flut verändern auch die Erdkruste, allerdings in geringerem Ausmaß.

Blutmond (2)

Wenn die Erde genau zwischen Sonne und Mond steht, tritt eine Mondfinsternis ein. Bei einer totalen Mondfinsternis steht der Mond ganz im Schatten der Erde, ein winziger Lichtanteil wird jedoch auf seinem Weg durch die Erdatmosphäre abgelenkt, wodurch der Mond eine rötliche Färbung annimmt. Eine Mondfinsternis kann man gefahrlos mit bloßem Auge betrachten.

Wissenswertes

Der Mond wirkt wie ein Gegengewicht. Er stabilisiert die Erde auf ihrer Umlaufbahn um die Sonne und trägt so zur Entstehung der Jahreszeiten bei, die das Leben auf unserem Planeten überhaupt erst ermöglichen.

Adler

Orientierung am Himmel Der Adler ist ein Sternbild, das im Sommer ideal zu beobachten ist: Im Juli erreicht er gegen Mitternacht seinen Höchststand am Nachthimmel. Er ist an drei Sternen zu erkennen, die in einer Reihe stehen und den Vogelkopf bilden. Da der Adler vor der Milchstraße liegt, können Sie mit seiner Hilfe unsere Galaxie finden.

Sterne Die drei Sterne, die in einer Reihe stehen, sind die hellsten im Sternbild: Altair, Tarazed und Alschain. Altair ist der hellste von ihnen und bedeutet auf Arabisch »Adler im Flug«. Dieser Stern dreht sich sehr schnell um sich selbst, was ihm eine ovale Form verleiht.

Wissenswertes Mit den Sternen Deneb im Sternbild Schwan und Wega in der Leier bildet Altair das Sommerdreieck, ein riesiges, fast gleichschenkliges Dreieck, das die ganze Nacht am Sommerhimmel leuchtet (siehe Himmelskarte, S. 11).

Mythologie Für die Griechen war der Adler der Vogel des Zeus. Außerdem ist er der einzige Vogel, der die Sonne sehen kann: Das Sternbild geht (im Osten) zeitgleich mit dem Sonnenuntergang (im Westen) auf – eine Begegnung von Angesicht zu Angesicht, die ebenfalls den Namen erklären könnte.

Bärenhüter

Orientierung am Himmel Im Frühling können Sie den drachenförmigen Bärenhüter leicht finden, indem Sie den Bogen vom Schwanz des Großen Bären verlängern, der auf Arktur, seinen hellsten Stern, zeigt.

Sterne Der Rote Riese Arktur, griechisch für »Bärenhüter«, ist der vierthellste Stern der gesamten Himmelssphäre und nach Sirius der hellste Stern der nördlichen Hemisphäre. Mit Spica in der Jungfrau und Regulus im Löwen bildet Arktur das Frühlingsdreieck, das so hell wie das Sommerdreieck leuchtet, aber viel größer ist.

Wissenswertes Im Altertum diente Arktur polynesischen Seefahrern als Orientierungspunkt, um die Hawaii-Inseln zu erreichen. Diese Navigationstechnik wurde 1976 auf der Piroge Hokule'a (»Arktur« auf Polynesisch) wieder eingesetzt, um den Pazifik zwischen Tahiti und Hawaii ohne Instrumente zu überqueren.

Mythologie Nach einer griechischen Legende ist der Bärenhüter ein Feldarbeiter, der jede Nacht die sieben Ochsen des Sternbildes Großer Bär lenkt. Da diese Ochsen ständig um die Polarachse wandern, folgt auch der Bärenhüter der Drehung des Himmels.

Andromeda

Orientierung am Himmel Andromeda ist vom Quadrat des Sternbildes Pegasus aus leicht ausfindig zu machen: Ihre wichtigste Sternreihe entspricht einem Bein des Pferdes.

Sterne Der hellste Stern im Sternbild, der auch zum Quadrat des Pegasus gehört, ist Alpheratz (arab. »Nabel des Pferds«). Der Stern Mirach ist ein Roter Riese und Alamak ein Dreifachstern.

Wissenswertes Im Sternbild Andromeda ist die gleichnamige Galaxie zu finden. Wenn Sie weit genug von aller Lichtverschmutzung entfernt sind, können Sie ihren leuchtenden Kern erkennen (siehe Himmelskarte S. 11), der wie ein nebliger Fleck von der Größe des Vollmonds aussieht und auf einer Linie zwischen Mirach und der rechten Seite der Kassiopeia liegt.

Mythologie Manchmal kommen mehrere Sternbilder in derselben Legende vor: Poseidon sandte das Meeresungeheuer Keto aus, um das Königreich der stolzen Königin Kassiopeia zu verwüsten. Das Orakel versicherte König Kepheus, dass das Königreich gerettet werden könne, wenn sie dem Ungeheuer ihre Tochter Andromeda opferten. Doch Perseus eilte zu ihrer Rettung und verwandelte Keto mithilfe des Hauptes der Medusa, die er gerade getötet hatte, in eine Statue.

Kassiopeia

Orientierung am Himmel Dank ihrer W- oder M-Form (je nach Standpunkt des Betrachters) gehört Kassiopeia zu den Sternbildern, die am leichtesten zu erkennen sind. Da sie nahe dem Polarstern liegt, kann man sie das ganze Jahr über beobachten. In Bezug auf Letzteren befindet sie sich gegenüber dem Großen Bären.

Sterne Alle Sterne der Kassiopeia sind deutlich sichtbar. Der hellste ist Schedir, »die Brust« auf Arabisch, ein Orangefarbener Riese, der 40-mal größer als die Sonne ist. Tsih, »die Peitsche« auf Chinesisch, befindet sich in der Mitte des Sternbildes und ist ein Stern, der sich mit mehr als 300 km/s um sich selbst dreht.

Mythologie Die Königin Kassiopeia beleidigte die Meeresnymphen Nereiden, indem sie behauptete, schöner als sie zu sein. Zur Strafe wurde sie dazu verurteilt, sich an ihren Thron gekettet und auf dem Kopf stehend um den Nordpol zu drehen. Kassiopeia gehört zur Gruppe der Sternbilder, die zum Andromeda-Mythos gehören.

Adler

Bärenhüter

Andromeda

Kassiopeia

Im Universum

Kepheus

Orientierung am Himmel Kepheus ist leicht zu erkennen: Das Sternbild sieht aus, als hätte ein Kind ein Haus gezeichnet. Es ist das ganze Jahr über zwischen der Kassiopeia und dem Kleinen Wagen sichtbar.

Sterne Sein hellster Stern ist Alderamin, der in 5500 Jahren aufgrund der Präzession der Tagundnachtgleichen den Platz des Polarsterns einnehmen wird. Delta Cephei ist der Prototyp eines veränderlichen Sterntyps namens Cepheiden, deren Leuchtkraft sich in einer Periode von etwa fünf Tagen verändert.

Wissenswertes Bei veränderlichen Sternen besteht eine Beziehung zwischen ihrer Leuchtkraft und der Dauer ihrer Helligkeitsänderung, die auch zur Bestimmung von Entfernungen im Universum dient. Auf diese Weise konnte der Astronom Edwin Hubble die Entfernung von Galaxien außerhalb unserer Galaxie aufzeigen und den Beweis für die Ausdehnung des Universums liefern.

Mythologie Da dieses Sternbild in der Nähe der Kassiopeia liegt, wurde es nach ihrem Mann Kepheus benannt. Es zählt zur Gruppe der Sternbilder, die zum Andromeda-Mythos gehören.

Schwan

Orientierung am Himmel Direkt vor der Milchstraße liegt das helle Sternbild des Schwans, das dank seiner Form eines fliegenden Vogels bzw. eines Kreuzes leicht zu erkennen ist: In Anlehnung an das Sternbild »Kreuz des Südens«, das von der südlichen Hemisphäre aus sichtbar ist, wird es auch »Kreuz des Nordens« genannt.

Sterne Der Stern Deneb (arab. »Schwanz der Henne«), ist ein Blauer Überriese und der hellste Stern im Sternbild: Er markiert den Schwanz des Schwans und bildet mit Altair im Adler und Wega in der Leier das Sommerdreieck (siehe Himmelskarte, S. 11). Albireo (arab. »Schnabel«), ist ein prächtiger Doppelstern.

Wissenswertes Im Hochsommer können Sie am sehr dunklen Himmel einen riesigen dunklen Nebel namens Great Rift beobachten, der sich von Deneb aus über die Milchstraße und den Abschnitt des Sommerdreiecks Altair/Wega bis zum Schützen erstreckt.

Mythologie Für die arabischen Astronomen sah dieses Sternbild wie eine Henne aus. Bei den Griechen symbolisierte der Schwan die Gestalt, die Zeus annahm, um Leda zu erobern: Aus ihrer Vereinigung gingen Kastor, Polydeukes (lat. Castor und Pollux) und Helena hervor.

Fuhrmann

Orientierung am Himmel Die fünfeckige Form des Fuhrmanns ist am Winterhimmel leicht zu finden, wenn Sie den oberen Teil des Großen Wagens verlängern, der auf Capella, den hellsten Stern im Fuhrmann, zeigt. Südlich dieses Sterns befindet sich das kleine Dreieck »Die Zicklein«.

Sterne Capella, lateinisch für »die kleine Ziege«, ist der Hauptstern des Sternbildes und der vierthellste Stern am Nachthimmel der nördlichen Hemisphäre. Dieser Doppelstern besteht aus zwei Gelben Riesen, die jeweils zehnmal so groß sind wie die Sonne.

Wissenswertes Zusammen mit Pollux in den Zwillingen, Prokyon im Hund, Sirius im Großen Hund, Rigel im Orion und Aldebaran im Stier bildet Capella das Wintersechseck, das sich um den Stern Beteigeuze erstreckt und von der Milchstraße durchzogen wird (siehe Himmelskarte, S. 11).

Mythologie Der Fuhrmann stellt einen Wagen und seinen Fahrer dar, der Amalthea auf dem Rücken trägt – die Ziege (Capella), die Zeus als Kind gesäugt hat.

Drache

Orientierung am Himmel Zwischen dem Kleinen und dem Großen Wagen schlängelt sich der Drache, eines der ausgedehntesten Sternbilder am Himmel. Zu seinen wenigen hellen Sternen gehören seine Augen, die leicht am Nachthimmel zu sehen und auf den Stern Wega in der Leier gerichtet sind.

Sterne Die beiden hellsten Sterne im Sternbild sind die Augen des Drachens: Eltanin und Rastaban, arabisch für »Kopf des Drachens« bzw. »Kopf der Schlange«.

Wissenswertes Der bekannteste, wenn auch nicht der hellste Stern im Sternbild ist Thuban, arabisch für »die Schlange«: In der Blütezeit der altägyptischen Zivilisation war er der Polarstern und diente beim Bau von Tempeln wie den Pyramiden von Gizeh als Orientierungspunkt.

Mythologie Das Sternbild kommt in vielen Legenden als Drache und aufgrund seiner gewundenen Form auch als Schlange vor. Es könnte der Drache Ladon sein, der die goldenen Äpfel im Garten der Hesperiden bewachte und von Herkules bei der Erfüllung seiner elften Aufgabe getötet wurde.

Kepheus

Schwan

Fuhrmann

Drache

Im Universum

Zwillinge

Orientierung am Himmel Die Zwillinge sind ein Tierkreissternbild zwischen Stier und Krebs. Im Idealfall können Sie im Winter ihre beiden hellsten Sterne auf halber Strecke zwischen dem Großen Wagen und Orion sehen.

Sterne Ihre beiden Hauptsterne sind nach zwei unzertrennlichen Brüdern benannt. Castor ist ein Mehrfachsternsystem und Pollux (der hellste Stern) ein Gelb-orangefarbener Riese.

Wissenswertes Exoplaneten (Planeten außerhalb des Sonnensystems) wurden in der Nähe von mehreren Sternen des Sternbildes gesichtet, darunter Pollux.

Mythologie Castor und Pollux, die Hauptsterne in den Zwillingen, waren in der griechischen Mythologie zwei unzertrennliche Brüder. Im Gegensatz zu Castor war Pollux unsterblich. Als Castor starb, besuchte der untröstliche Pollux ihn regelmäßig in der Unterwelt. Gerührt beschloss Zeus, die beiden am Himmel wieder zu vereinen.

Großer Wagen
(Teil des Großen Bären)

Orientierung am Himmel Der Große Bär ist das ganze Jahr über gut sichtbar und wahrscheinlich das berühmteste Sternbild von allen. An sieben hellen Sternen, die den Großen Wagen, so die deutschsprachige Bezeichnung für diesen Teil des Sternbildes, bilden, ist er leicht zu erkennen.

Sterne Unter den Sternen des Großen Wagens – Dubhe, Merak, Phekda, Megrez, Alioth, Mizar und Alkaid – ist Alioth der hellste. Mizar ist ein Doppelstern, dessen Begleiter Alkor heißt. Die beiden Sterne sind mit bloßem Auge zu sehen.

Wissenswertes Wenn Sie die Linie zwischen den Sternen Merak und Dubhe um etwa das Fünffache verlängern, finden Sie den Polarstern.

Mythologie In der griechischen Mythologie hatte Zeus zusammen mit der Nymphe Kallisto einen Sohn namens Arkas. Zeus' eifersüchtige Frau Hera verwandelte seine Geliebte in eine Bärin. Eines Tages stand Arkas dieser Bärin gegenüber, ohne zu wissen, dass es sich um seine Mutter handelte. Bevor er sie mit seinem Speer durchbohren konnte, versetzte Zeus sie an den Himmel.

Großer Hund

Orientierung am Himmel Der Große Hund, der im Januar gegen Mitternacht am höchsten steht, ist am besten im Winter zu beobachten. Er steht recht tief am Horizont und ist an seinem Stern Sirius zu erkennen, der sich in der Verlängerung der drei Sterne des Oriongürtels befindet.

Sterne Sirius, griechisch für »der Feurige«, ist der hellste Stern des Sternbildes und des ganzen Himmels. Es handelt sich um einen Doppelstern, der zu den erdnächsten Sternen gehört.

Wissenswertes Im alten Ägypten kündigte der heliakische Aufgang des Sirius (die Rückkehr des Sterns in der Morgendämmerung nach langer Abwesenheit) die Nilschwemme an.

Mythologie In vielen Zivilisationen – von den Griechen bis zu den Inuit – wird dieses Sternbild mit dem Bild des Hundes assoziiert und ist schon deshalb von großer Bedeutung, weil Sirius dabei ist. Sein Aufgang fiel in Europa mit dem Beginn großer Hitzewellen zusammen; daher auch der Ausdruck »Hundstage«.

Herkules

Orientierung am Himmel Herkules, der im Juni gegen Mitternacht seinen Höchststand erreicht, ist eines der größten Sternbilder am Himmel. Er ist nicht sehr hell, doch dank seines Trapezes zwischen den Sternen Wega in der Leier und Arktur im Bärenhüter leicht zu finden.

Sterne Die Sterne im Herkules haben keine große Leuchtkraft. Der hellste ist Kornephoros, griechisch für »der Keulenträger«. Der untere Stern heißt Ras Algethi, »der Kopf des Knienden« auf Arabisch. Der Held steht verkehrt herum am Himmel.

Wissenswertes Unter hervorragenden Bedingungen können Sie den Sternhaufen im Trapez des Herkules mit bloßem Auge sehen. Der kleine verschwommene Fleck ist ein Kugelsternhaufen mit Hunderttausenden Sternen.

Mythologie Das große Sternbild des Herkules verkörpert den knienden und mit einer Keule bewaffneten griechischen Helden, der durch seine zwölf Aufgaben berühmt wurde.

Zwillinge

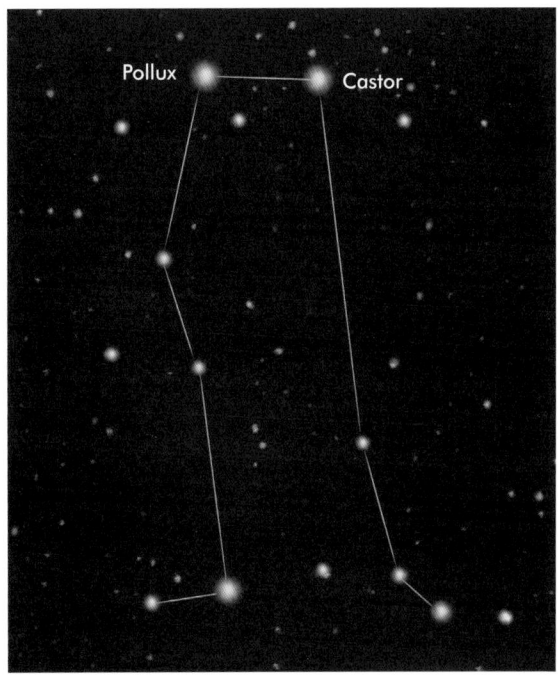

Großer Wagen (Teil des Großen Bären)

Großer Hund

Herkules

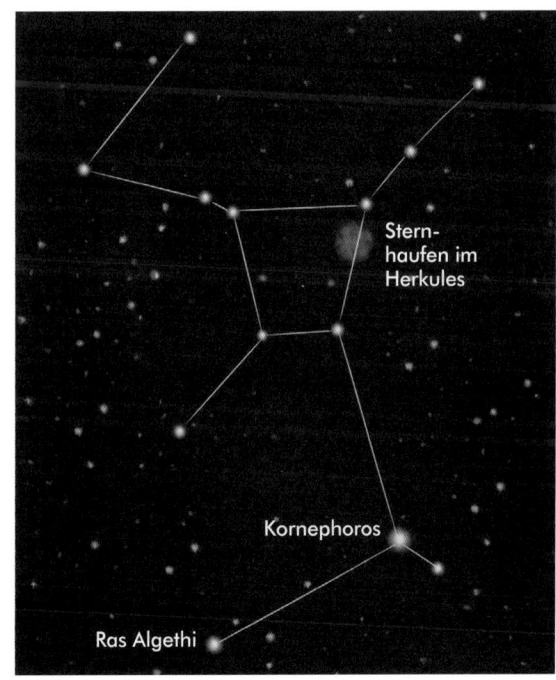

Im Universum

Leier

Orientierung am Himmel Die Leier steht im Sommer hoch am Himmel und liegt nahe der Milchstraße. Dank ihres hellen Sterns Wega, der mit Altair im Adler und Deneb im Schwan das Sommerdreieck bildet (siehe Himmelskarte, S. 11), ist dieses kleine Sternbild leicht zu erkennen.

Sterne Wega, der Hauptstern der Leier, bedeutet auf Arabisch »herabstoßender Adler« und ist einer der hellsten Sterne am Himmel. Sheliak, »die Harfe«, ist ein veränderlicher Stern und Sulafat, »die Schildkröte«, erinnert daran, dass Schildkrötenpanzer früher als Resonanzkörper für Leiern dienten.

Wissenswertes Aufgrund der Richtungsänderung der Drehachse der Erde wird sich auch der Polarstern verändern: In etwa 12 000 Jahren ist wieder Wega an der Reihe.

Mythologie Im Mittleren Osten oder in Indien stand das Sternbild für einen Geier. Für die Griechen war die Leier das Instrument des Dichters Orpheus, der den Hades mit seiner Musik bezauberte, um seine Verlobte Eurydike vor dem Tod zu retten. Doch als er aus der Unterwelt kam, drehte er sich um, was ihm verboten war, und sie verschwand für immer.

Orion

Orientierung am Himmel Der Orion ist sehr hell und eines der schönsten Wintersternbilder. Dank seines »Gürtels«, der aus drei in einer Reihe liegenden Sternen besteht, ist er leicht zu erkennen.

Sterne Der Körper des Orion besteht aus vier hellen Sternen: Rigel, Saiph, Beteigeuze und Bellatrix. Beteigeuze ist ein Roter Überriese und einer der größten bekannten Sterne. Wenn er unsere Sonne wäre, würde er über die Umlaufbahn des Jupiters hinaus reichen.

Wissenswertes Unterhalb des Gürtels befindet sich der wunderschöne Orionnebel, eine von jungen Sternen beleuchtete Gas- und Staubwolke, die mit bloßem Auge wie ein großer weißer Nebelfleck aussieht.

Mythologie Aufgrund der unvergleichlichen Helligkeit seiner Sterne kommt der Orion weltweit in vielen Legenden vor. Für die Griechen ist er ein legendärer Jäger, der von einem Skorpion getötet wird. Die beiden wurden auf gegenüberliegenden Seiten des Himmels platziert, damit sie sich nie wieder begegnen.

Pegasus

Orientierung am Himmel Pegasus steht zum Sommerende gegen Mitternacht am höchsten. Dieses große Sternbild ist leicht an seinem großen Quadrat zu erkennen, das am Nachthimmel als wichtiger Orientierungspunkt dient. Es besteht aus den Sternen Markab, Scheat, Algenib und Alpheratz, auch wenn Letzterer zum benachbarten Sternbild Andromeda gehört. Die drei übrigen Sterne bilden ein Dreieck, die Flügel des Pegasus.

Sterne Die Namen aller Hauptsterne im Pegasus stammen aus dem Arabischen und beziehen sich auf das abgebildete Tier: Enif, der hellste Stern, bedeutet »Nasenloch«, Scheat »die Schulter«, Markab »der Sattel« und Algenib »die Flanke«.

Wissenswertes Im Jahr 1995 wurde als erster Planet außerhalb des Sonnensystems 51 Pegasi in der Nähe eines Sterns im Pegasus entdeckt.

Mythologie In der griechischen Mythologie ist Pegasus ein geflügeltes Pferd, auf dem der Held Perseus reitet, um die Prinzessin Andromeda zu retten.

Perseus

Orientierung am Himmel Perseus sieht wie ein fünfzackiger Stern vor der Milchstraße aus. Sie finden ihn unterhalb der Kassiopeia, wenn Sie eine Linie vom großen Quadrat im Pegasus über die Andromeda bis zum Stern Capella im Fuhrmann ziehen.

Sterne Der Hauptstern im Sternbild ist ein Überriese namens Mirfak, »der Ellenbogen der Plejaden« auf Arabisch. Doch am bekanntesten ist in vielen Zivilisationen Algol, »der Stern des Dämons«. Es handelt sich um einen veränderlichen Stern, dessen Helligkeitsvariationen über knapp drei Tage hinweg zu beobachten ist.

Wissenswertes Zwischen Perseus und Kassiopeia befindet sich der Doppelsternhaufen im Perseus: zwei Zwillingssternhaufen, die aus Hunderten junger Sterne bestehen. Diesem Sternbild scheinen Mitte August auch die Sternschnuppen des Perseiden-Meteorstroms zu entspringen.

Mythologie Als Sohn von Danaë und Zeus gelang es Perseus, die Gorgone Medusa (deren Augen der Stern Algol darstellt) zu enthaupten. Ihren Kopf brachte er dem Meeresungeheuer Keto, um die Prinzessin Andromeda zu retten.

Im Universum

Kleiner Bär

Orientierung am Himmel Den Kleinen Bären, auch Kleiner Wagen genannt, können Sie vom Großen Bären aus finden: Wenn Sie die Linie zwischen den beiden hinteren Sternen des Großen Wagens um das Fünffache verlängern, gelangen Sie zum Polarstern, der das untere Ende des Kleinen Bären darstellt. Der Kleine Wagen steht auf dem Kopf und leuchtet nicht so hell wie der Große Bär.

Sterne Der Hauptstern im Sternbild ist Polaris, der aktuelle Polarstern, weil er dem Himmelsnordpol am nächsten liegt und mit bloßem Auge sichtbar ist.

Wissenswertes Aufgrund der Präzession der Tagundnachtgleichen war Polaris nicht immer der Polarstern und wird es auch nicht für immer bleiben: Vor mehr als 4000 Jahren nahm Thuban im Drachen diese Funktion ein und in ferner Zukunft wird Wega in der Leier Polarstern sein.

Mythologie Für die Griechen war der Kleine Wagen Arkas, der Sohn von Zeus und Kallisto. Letztere wurde von Hera, Zeus' eifersüchtiger Frau, in eine Bärin verwandelt. Als Arkas bei der Jagd auf die Bärin stieß, versetzte Zeus sie an den Himmel.

Skorpion

Orientierung am Himmel Der Skorpion ist aufgrund seiner Leuchtkraft, seiner großen Ausdehnung und seiner Ähnlichkeit mit dem Tier, nach dem er benannt ist, leicht am Sommerhimmel zu finden. Er gehört zum Tierkreis und liegt zwischen Schütze und Waage.

Sterne Sein Hauptstern, einer der hellsten am Himmel, ist Antares (griech. »Rivale des Mars«). Der Stern, ein Roter Überriese, der auch »Herz des Skorpions« genannt wird, ist aufgrund seiner rötlichen Farbe leicht mit dem Mars zu verwechseln.

Wissenswertes Nahe dem Schwanz des Skorpions können Sie zwei wunderschöne offene Sternhaufen beobachten: Ptolemäus' Sternhaufen, der von Ptolemäus im zweiten Jahrhundert erstmals erwähnt wurde, und den Schmetterlingshaufen, der etwas weniger hell leuchtet. Vom Skorpion aus können Sie auch das nahe gelegene Zentrum der Milchstraße finden: Es befindet sich im Schützen, einem schwächer leuchtenden Nachbarsternbild.

Mythologie Der Skorpion wurde von Artemis ausgesandt, um Orion zu töten. Daher wurde er an die gegenüberliegende Seite des Himmels versetzt: Wenn er im Osten aufsteigt, geht Orion im Westen unter.

Stier

Orientierung am Himmel Der Stier ist ein gut sichtbares Tierkreissternbild über Orion, das zwischen dem Widder und den Zwillingen liegt. Am besten können Sie es im Winter beobachten.

Sterne Sein Hauptstern ist ein Roter Riese namens Aldebaran, arabisch für »der Folgende«, da er dem Sternhaufen der Plejaden am Himmel folgt. Aldebaran bedeutet auch »das Auge des Stiers«. Der zweithellste Stern ist Elnath, »die Hörner«, der mit dem benachbarten Sternbild des Fuhrmanns ein Sechseck bildet.

Wissenswertes Im Stier liegen zwei auffällige Sternhaufen: die Plejaden, von denen etwa zehn Sterne mit bloßem Auge sichtbar sind, und die Hyaden um Aldebaran.

Mythologie Für die Griechen nahm Zeus die Gestalt eines weißen Stiers an, um die phönizische Prinzessin Europa zu entführen. Europa ritt auf dem Stier bis nach Kreta, wo sie sich mit Zeus vereinigte.

Jungfrau

Orientierung am Himmel Die Jungfrau liegt zwischen Waage und Löwe und ist nach der Wasserschlange das zweitgrößte Sternbild am Himmel. Das Tierkreissternbild ist dank seines hellsten Sterns Spica leicht zu bestimmen: Letzterer befindet sich in der Verlängerung eines Kreisbogens, der vom Schwanz des Großen Bären durch Arktur im Bärenhüter führt.

Sterne Der Stern Spica, lateinisch für »Kornähre«, ist der hellste Stern im Sternbild. Es handelt sich um einen Blauen Riesen und einen Doppelstern. Mit Regulus im Löwen und Arktur im Bärenhüter bildet Spica das Frühlingsdreieck.

Wissenswertes Im Norden des Sternbildes gibt es sehr viele Galaxien, darunter den Virgo-Galaxienhaufen, der Hunderte Galaxien umfasst und zum Virgo-Superhaufen gehört – ebenso wie die Lokale Gruppe, in der sich die Milchstraße befindet.

Mythologie In der Antike fiel der heliakische Aufgang des Sterns Spica mit der Erntezeit zusammen: Für die Griechen verkörperte das Sternbild Demeter, die Göttin des Ackerbaus, die eine Kornähre hält.

Kleiner Bär

Skorpion

Stier

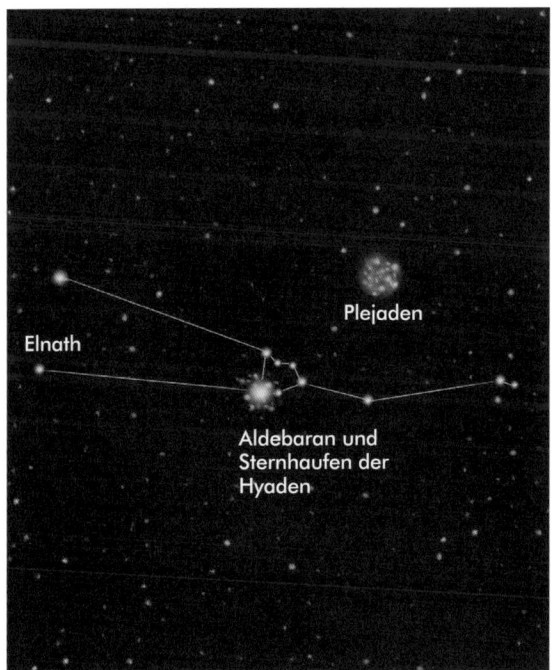

Jungfrau

Im Universum

Milchstraße

Beobachtung An einem sehr dunklen Himmel erscheint die Milchstraße wie ein weißlicher Schleier, der sich durch den Himmel zieht. Dabei handelt es sich um unsere Galaxie, die man von der Erde aus im Querschnitt sehen kann: Sie umfasst die meisten Himmelsobjekte, die wir am Sternenhimmel beobachten. Im Sommer können Sie ihr Zentrum (den Bulge) im Schützen beobachten. Dort sehen Sie auch dunkle Regionen, in denen das Sternenlicht vom kosmischen Staub absorbiert wird.

Wissenswertes Die Milchstraße ist eine Spiralgalaxie mit etwa 200 Milliarden Sternen (einschließlich der Sonne). Ihre Spiralarme winden sich um einen dichten Zentralbereich mit einem supermassiven schwarzen Loch in der Mitte.

Mythologie Für die amerikanischen Ureinwohner war die Milchstraße der Weg ins Jenseits, für die Polynesier ein Meeresarm voller Seesterne und für die Ägypter ein Spiegelbild des Nils. Ihr Name geht auf einen griechischen Mythos zurück: Zeus legte seinen Sohn Herakles (der aus seiner Zusammenkunft mit einer Sterblichen hervorging) an die Brust seiner schlafenden Frau Hera, deren Milch ihn unsterblich machen sollte. Als Hera erwachte, stieß sie ihn weg. Dabei floss die Milch aus ihrer Brust über den Himmel und bildete die Milchstraße.

Andromedagalaxie

Orientierung am Himmel Die Andromedagalaxie liegt im gleichnamigen Sternbild. Ihren Kern findet man, wenn man eine Linie zwischen dem Stern Mirach in der Andromeda und der rechten Spitze des »Ws« der Kassiopeia zieht.

Beobachtung Sie ist an einem sehr dunklen Himmel zu beobachten und gehört zu den seltenen Galaxien, die in der nördlichen Hemisphäre mit bloßem Auge von der Erde aus sichtbar sind. Die Andromedagalaxie, eines der größten Objekte am Himmel, sieht aus wie ein milchiger Fleck, der um einiges länger als der scheinbare Durchmesser des Mondes ist. Dabei ist nur ihr Kern, der zentrale und hellste Teil, mit bloßem Auge zu sehen.

Wissenswertes Andromeda ist die Spiralgalaxie, die unserer Galaxie – der Milchstraße – am nächsten liegt. Die beiden nähern sich einander an und werden in 4 Milliarden Jahren aufeinandertreffen: Durch den Austausch von Gas und Sternen vermischen sie sich langsam zu einer großen elliptischen Galaxie, die auch »Milkomeda« (eine Kombination aus englisch *Milky Way* und *Andromeda*) genannt wird.

Orionnebel

Orientierung am Himmel Der Orionnebel befindet sich im gleichnamigen Sternbild, direkt unter den drei hellen Gürtelsternen des Jägers.

Beobachtung Weit entfernt von Lichtverschmutzung ist der riesige Nebel mit bloßem Auge deutlich sichtbar. Unter den drei Sternen des Oriongürtels erscheint er als ein großer, verschwommener weißlicher Fleck, der viermal so groß ist wie der Vollmond.

Wissenswertes Der Orionnebel ist nur der mit bloßem Auge sichtbare Teil einer riesigen interstellaren Gaswolke, die sich durch einen Großteil des Sternbildes Orion zieht. In solchen Wolken werden Sterne geboren, weshalb Astronomen sie auch Sternkrippen nennen. Im Orionnebel gibt es daher etliche sehr junge Sterne, durch deren Beobachtung wir ihre Entstehung besser verstehen können.

Plejaden

Orientierung am Himmel Der Sternhaufen der Plejaden im Sternbild Stier ist leicht zu finden. Er befindet sich in der Verlängerung der Linie, die vom Oriongürtel durch Aldebaran im Stier führt.

Beobachtung Mit bloßem Auge können Sie mühelos sechs bis sieben sehr helle Sterne sehen, die nahe beieinander liegen. Manchmal sind sogar zehn bis zwölf zu erkennen.

Wissenswertes Die Plejaden sind ein offener Sternhaufen, eine Gruppe von etwa 2000 jungen Sternen, die aus derselben Gaswolke entstanden: Sie sind gleich alt und werden sich über Millionen von Jahren langsam voneinander entfernen. Schon in prähistorischen Zeiten waren die Plejaden bekannt: Da ihr Auftauchen und Verschwinden am Himmel der nördlichen Hemisphäre das Frühjahr und den Herbst markierten, stellten sie eine wichtige Orientierungshilfe für den Ackerbau dar.

Mythologie Die Plejaden verkörpern sieben Schwestern aus der griechischen Mythologie, die Töchter des Riesen Atlas und seiner Frau Pleione: Alkyone, Celaeno, Elektra, Asterope, Taygete, Maia und Merope, nach denen die mit bloßem Auge sichtbaren Sterne des Sternhaufens benannt sind.

Im Universum

Ptolemäus' Sternhaufen

Orientierung am Himmel Ptolemäus' Sternhaufen befindet sich im Sternbild Skorpion und ist zwischen dem Schwanz des Skorpions und dem Sternbild Schütze zu finden.

Beobachtung Unter guten Beobachtungsbedingungen erscheint er als blasser, runder Fleck. Auch wenn die jungen Sterne, aus denen der Sternhaufen besteht, nicht mit bloßem Auge voneinander zu unterscheiden sind, ist er doch aufgrund der Ansammlung von Sternen leicht zu erkennen. Nicht weit entfernt liegt ein weiterer, kleinerer Fleck: der Schmetterlingshaufen.

Wissenswertes Ptolemäus' Sternhaufen gehört zu den offenen Sternhaufen, die der Erde am nächsten sind, und ist nach dem griechischen Gelehrten Claudius Ptolemäus benannt, der ihn im zweiten Jahrhundert n. u. Z. erstmals erwähnte. Da er sich direkt über dem Schwanz des Skorpions befindet, beschrieb Ptolemäus ihn als »den Nebel, der dem Stachel des Skorpions folgt«.

Hyaden

Orientierung am Himmel Der Sternhaufen der Hyaden befindet sich um Aldebaran, den hellsten Stern im Sternbild Stier, der jedoch nicht zum Sternhaufen gehört. Letzterer liegt doppelt so weit von uns entfernt wie dieser Stern.

Beobachtung Die Hauptsterne der Hyaden bilden ein großes V, das im Sternbild Stier den Kopf bildet, während Aldebaran sein Auge ist. Dieser Sternhaufen ist nicht so hell wie die Plejaden, da seine Sterne weniger dicht beieinanderstehen.

Wissenswertes Die Hyaden bestehen aus mehr als 300 Sternen und bilden den Sternhaufen, der der Erde am nächsten ist. Wie bei den meisten offenen Sternhaufen entfernen sich die jungen Sterne, die aus derselben Gaswolke entstanden sind, langsam voneinander, was zum Zerfall des Sternhaufens führt. Durch die Beobachtung der Hyaden während einer Sonnenfinsternis konnte Einsteins berühmte Allgemeine Relativitätstheorie bestätigt werden.

Mythologie Der Name geht zurück auf die Nymphen des Regens, die Ammen von Dionysos, die von Zeus als Dank für die Pflege seines Sohns an den Himmel versetzt wurden.

Doppelsternhaufen im Perseus

Orientierung am Himmel Der Doppelsternhaufen im Perseus ist unter dem Sternbild Kassiopeia in Richtung des Sternbildes Perseus zu finden.

Beobachtung An einem sehr dunklen Himmel ist er mit bloßem Auge als weißlicher, ovaler Fleck zu erkennen (was daran erinnert, dass es sich um einen Doppelsternhaufen handelt). Er ist etwas größer als der Vollmond, aber viel schwächer.

Wissenswertes Die beiden Sternhaufen, die aus derselben interstellaren Gaswolke stammen und fast gleich alt sind, enthalten viele junge Sterne, die mehrere Millionen Jahre alt sind. Obwohl der Doppelsternhaufen im Perseus viel weiter von uns entfernt ist als der Sternhaufen der Plejaden, wirkt er fast gleich groß, was eine Vorstellung von seiner gigantischen Größe vermittelt.

Lagunennebel

Orientierung am Himmel Den Lagunennebel können Sie im Sternbild Schütze beobachten, direkt über den Sternen, die die charakteristische Teekanne des Sternbildes bilden.

Beobachtung An einem mondlosen Himmel ist der Nebel fernab jeglicher Lichtverschmutzung mit bloßem Auge sichtbar. Er sieht aus wie eine kleine Dampfwolke über dem Ausguss der Teekanne, scheinbar dreimal so groß wie der Vollmond.

Wissenswertes Der Lagunennebel ist eine riesige Wasserstoff- und Staubwolke. Er besteht aus sehr jungen Sternen, die Sternhaufen bilden, und aus Sternen, die sich noch im Entstehungsprozess befinden.

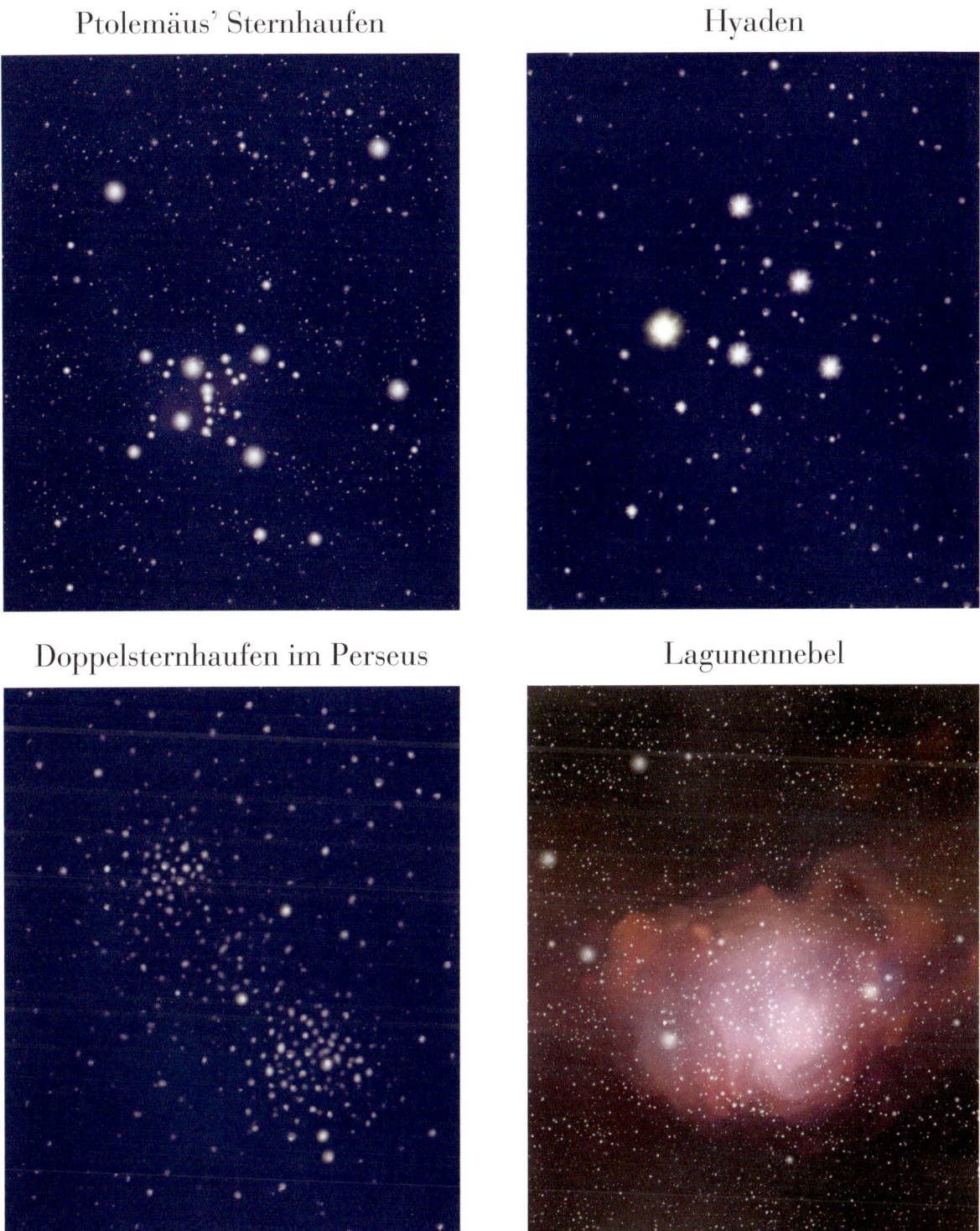

Im Universum

Glossar

Apex: Spitze eines Vorder- oder Hinterflügels.

Äquinoktium oder Tagundnachtgleiche: Eine Zeit, in der Tag und Nacht aufgrund der Position der Erde bei ihrer Umdrehung um die Sonne genau gleich lang sind. In jedem Jahr gibt es zwei Tagundnachtgleichen, die mit dem Frühlings- und Herbstbeginn zusammenfallen.

Augenfleck: runder Fleck auf den Flügeln bestimmter Schmetterlingsarten.

Ausdauernde Pflanze: Pflanze, die mehrere Jahre lang lebt und die Winter überdauert, weil sie unterirdische Organe hat, die vor der Kälte geschützt und voller Nährstoffe sind: Wurzeln, Knollen und Stängel.

Bivoltine Art: Eine Art, die pro Jahr zwei Generationen hervorbringt.

Blütenhülle: Gesamtheit der Deckblätter, die den Blütenstand umgeben.

Blütenkelch: Gesamtheit der Kelchblätter am Ansatz der Blüte.

Blütenstand: Gesamtheit der Blüten in einer bestimmten Anordnung auf dem Stängel.

Deckblatt: Blatt am Stielansatz einer Blüte.

Doppelstern: Zwei Sterne, die um einen gemeinsamen Schwerpunkt kreisen und ein Doppelsystem bilden.

Duftschuppen: spezielle, Sexuallockstoffe (Pheromone) absondernde Schuppen, die sich auf den Flügeln mancher männlicher Schmetterlinge finden. Je nach Ausformung spricht man von Duftschuppenflecken oder Duftschuppenstreifen.

Einjährige Pflanze: Pflanze, deren kompletter Vegetationszyklus innerhalb eines Jahres stattfindet.

Ekliptik: Die Linie am Himmel, die die Projektion der Ebene darstellt, in der sich die Umlaufbahnen der Planeten um die Sonne befinden: Auf dieser Linie beobachten wir von der Erde aus die Bewegungen der Planeten.

Ephemeriden: Astronomische Tabellen, die für jeden Tag die Position von Himmelskörpern wie den Planeten angeben.

Flaumig: von zartem Flaum bedeckt.

Galaxie: Ein System von Milliarden Sternen, die durch Schwerkraft zusammengehalten werden.

Geschlechtsdimorphismus: Deutliche Unterschiede im Erscheinungsbild zwischen männlichen und weiblichen Tieren.

Gestieltes Blatt: Blatt, das durch einen Stiel mit dem Stängel verbunden ist.

Gestirn: Jeder sichtbare Himmelskörper, der selbst leuchtet oder das Licht von anderen Sternen reflektiert (Stern, Planet, Galaxie, Nebel usw.).

Heliakischer Aufgang: Der Moment, in dem ein Stern in der Morgendämmerung im Osten aufgeht, nachdem er eine Zeit lang unter dem Horizont oder durch das Sonnenlicht verdeckt war.

Holzige Pflanze: Pflanze, die zum Teil verholzt ist.

Imago: Erwachsener Schmetterling; Falter.

Immergrüne Pflanze: Pflanze, deren Blätter im Winter grün bleiben und nicht abfallen.

Körbchen: Blütenstand der Korbblütler.

Kondensationsniveau: Höhe, in der der in der Luft enthaltene Wasserdampf zu Wolken kondensiert.

Krautige Pflanze: Pflanze, die nicht verholzt.

Kreuzgegenständige Blätter: Blätter, die paarweise am Stängel stehen. Die Blätter eines Paars stehen gegenüber, die Paare stehen abwechselnd im 90°-Winkel zueinander.

Laubabwerfende Pflanze: Pflanze, deren Laub sich im Winter verfärbt und abfällt.

Mehrfachstern: Ein Sternsystem, das aus drei oder mehr Sternen besteht.

Mesosphäre: Schicht der Atmosphäre zwischen 50 und 85 Kilometer Höhe.

Nebel: Eine Wolke aus kosmischer Materie, die aus interstellarem Gas und Staub besteht.

Opposition: Ein Planet steht in Opposition, wenn er sich von der Erde aus gesehen auf der gegenüberliegenden Seite der Sonne befindet. In dieser Position ist er der Erde am nächsten und am besten zu beobachten.

Pflanzenschleim: schleimige pflanzliche Substanz.

Planet: Ein festes oder gasförmiges Gestirn, das sich um einen Stern dreht. Ein Planet strahlt kein Licht aus, sondern reflektiert das Licht eines Sterns.

Präzession der Tagundnachtgleichen: Langsame Richtungsänderung der Drehachse der Erde.

Röhrenblüten: röhrenförmige Blüten, die den Blütenstand der Korbblütler bilden.

Sonnenwende: Es gibt zwei Sonnenwenden im Jahr. Die Wintersonnenwende, die den Beginn dieser Jahreszeit markiert, ist die längste Nacht des Jahres, und die Sommersonnenwende die kürzeste.

Stern: Ein Himmelskörper, der durch Fusionsreaktionen in seinem Kern eigenes Licht erzeugt.

Sternbild: Sterne, die am Himmel nahe genug beieinander liegen (aber keinen gemeinsamen Bezug haben), um ein Muster zu ergeben, das im Lauf der Menschheitsgeschichte zur Orientierung in Raum und Zeit und als mythologische Darstellung diente.

Troposphäre: Schicht der Atmosphäre, die in mittleren Breiten vom Boden bis in ca. 10 Kilometer Höhe reicht. Hier entstehen zahlreiche meteorologische Phänomene, unter anderem die Wolken.

Ubiquist: anspruchslose Art, die in unterschiedlichen Lebensräumen auftritt.

Ungestieltes Blatt: Blatt, das keinen Stiel besitzt.

Univoltine Art: Eine Art, die in nur einer Generation pro Jahr fliegt.

Veränderlicher Stern: Ein Stern, dessen Leuchtkraft sich im Lauf der Zeit ändert, wobei die Perioden unterschiedlich lang sind.

Verzweigt: mit zahlreichen Verzweigungen versehen.

Zodiak oder Tierkreis: Himmelszone um die Ekliptik, in der sich die Tierkreissternbilder befinden.

Zungenblüten: längliche Blüten, die das Körbchen der Korbblütler bilden.

Zweijährige Pflanze: Pflanze, deren Lebenszyklus zwei Jahre dauert. Im ersten Jahr wächst aus dem Samen eine Pflanze, die den folgenden Winter überdauert. Im zweiten Jahr blüht die Pflanze, produziert Samen und stirbt ab.

Index

A

Ackerdistel 16
Acker-Senf 24
Acker-Winde 27
Adler 172
Admiral 36
Akelei, Gemeine 102
Alpenbock 136
Alpenstrandläufer 64
Alpen-Würfel-Dickkopffalter, Graumelierter 140
Altocumulus floccus 150
Altocumulus stratiformis undulatus 150
Altostratus 150
Ameisenbuntkäfer 108
Andromeda 172
Andromedagalaxie 182
Apollofalter 138
Apollofalter, Kleiner 138
Arnika, Echte 126
Aurorafalter 60
Austern-Seitling 86

B

Babylonische Trauerweide siehe Trauerweide
Bär, Kleiner 180
Bärenhüter 172
Bärentraube, Echte 128
Bärlauch 94
Baldrian, Echter 42
Ballett der Sterne 164
Beinwell, Echter 45
Bergahorn 81
Bergminze, Kleinblütige 128
Blaue Holzbiene siehe Holzbiene, Blaue
Blauflügel-Prachtlibelle 56
Blaugestiefelter Schleimkopf siehe Schleiereule; Schleimkopf, Blaugestiefelter

Blaugrüne Mosaikjungfer siehe Mosaikjungfer, Blaugrüne
Blauschillernder Feuerfalter siehe Feuerfalter, Blauschillernder
Blesshuhn 66
Blitze 160
Blutrote Heidelibelle siehe Heidelibelle, Blutrote
Blutweiderich, Gewöhnlicher 46
Brauner Waldvogel (Schmetterling) siehe Waldvogel, Brauner
Braunfleckiger Perlmuttfalter siehe Perlmuttfalter, Braunfleckiger
Breitblättriger Rohrkolben siehe Rohrkolben, Breitblättriger
Brombeere 99
Bronze-Röhrling (Schwarzhütiger Steinpilz) 88
Brunnenkresse 42
Buchsbaum 78
Buntspecht 120
Buschwindröschen 94

C

C-Falter 113
Cavum 156
Cirrocumulus stratiformis 148
Cirrostratus nebulosus 148
Cirrus fibratus 148
Cirrus homogenitus 156
Cirrus uncinus 148
Cumulonimbus calvus 154
Cumulus humilis 152

D

Doppelsternhaufen im Perseus 184

Douglasie (Douglastanne) 130
Drache 174
Duftveilchen 102
Dunkle Erdhummel siehe Erdhummel, Dunkle

E

Eberesche (Vogelbeere) 133
Echte Arnika siehe Arnika, Echte
Echte Bärentraube siehe Bärentraube, Echte
Echte Edelraute siehe Edelraute, Echte
Echter Baldrian siehe Baldrian, Echter
Echter Beinwell siehe Beinwell, Echter
Echter Ehrenpreis siehe Ehrenpreis, Echter
Echtes Johanniskraut siehe Johanniskraut, Echtes
Echtes Mädesüß siehe Mädesüß, Echtes
Edelkastanie 75
Edelraute, Echte 126
Edel-Reizker 84
Edeltanne (Silbertanne, Weißtanne) 130
Ehrenpreis, Echter 102
Eibe 72
Eichenbock, Großer 106
Eichen-Leberreischling 86
Eintagsfliege, Gemeine 58
Eisvogel (Vogel) 68
Eisvogel, Großer (Schmetterling) 112
Eichelhäher 116
Enzian, Gelber 127
Erdhummel, Dunkle 32
Erd-Ritterling, Gemeiner 86
Esche 80

Espe (Zitterpappel) 72

F

Feldahorn (Maßholder) 80
Fetthennen-Bläuling 141
Feuerfalter, Blauschillernder 140
Feuerfalter, Großer 63
Feuerfalter, Lilagold 60
Fichte (Rotfichte, Rottanne) 130
Fichtenkreuzschnabel 119
Fingerhut, Roter 102
Fliegenpilz 90
Fluctus 156
Frost-Schneckling 84
Fuchs, Großer 112
Fuhrmann 174

G

Gänseblümchen 18
Gänsefuß, Weißer 20
Gartenbaumläufer 116
Geflecktes Lungenkraut siehe Lungenkraut, Geflecktes
Gelber Enzian siehe Enzian, Gelber
Gelbgrüner Ritterling siehe Ritterling, Gelbgrüner
Gelbrandkäfer 58
Gemeine Akelei siehe Akelei, Gemeine
Gemeine Eintagsfliege siehe Eintagsfliege, Gemeine
Gemeine Schafgarbe siehe Schafgarbe, Gemeine
Gemeiner Erd-Ritterling siehe Erd-Ritterling, Gemeiner
Gemeiner Hornklee siehe Hornklee, Gemeiner
Gemeiner Steinpilz siehe Steinpilz, Gemeiner

Gemeines Stockschwämmchen siehe Stockschwämmchen, Gemeines
Gewöhnliche Goldrute siehe Goldrute, Gewöhnliche
Gewöhnliche Vogelmiere siehe Vogelmiere, Gewöhnliche
Gewöhnlicher Blutweiderich siehe Blutweiderich, Gewöhnlicher
Gewöhnlicher Natternkopf siehe Natternkopf, Gewöhnlicher
Giersch 94
Gimpel 116
Glockenheide, Graue 100
Goldener Scheckenfalter siehe Scheckenfalter, Goldener
Goldglänzender Rosenkäfer siehe Rosenkäfer, Goldglänzender
Goldrute, Gewöhnliche 48
Gottesanbeterin 30
Graue Glockenheide siehe Glockenheide, Graue
Graumelierter Alpen-Würfel-Dickkopffalter siehe Alpen-Würfel-Dickkopffalter, Graumelierter
Große Klette siehe Klette, Große
Große Pechlibelle siehe Pechlibelle, Große
Großer Brauner Rüsselkäfer siehe Rüsselkäfer, Großer Brauner
Großer Eichenbock siehe Eichenbock, Großer
Großer Eisvogel (Schmetterling) siehe Eisvogel, Großer

Großer Feuerfalter siehe Feuerfalter, Großer
Großer Fuchs siehe Fuchs, Großer
Großer Hund siehe Hund, Großer
Großer Schillerfalter siehe Schillerfalter, Großer
Großer Wagen siehe Wagen, Großer
Großer Wiesenknopf siehe Wiesenknopf, Großer
Grüner Knollenblätterpilz siehe Knollenblätterpilz, Grüner
Grünes Heupferd siehe Heupferd, Grünes
Guter Heinrich siehe Heinrich, Guter

H
Hängebirke 132
Hainbuche 76
Hainsalat 127
Hainschwebfliege 32
Haloring, Kleiner (22°-Halo) 160
Haselnussbaum 72
Haubenmeise 120
Haubentaucher 64
Hauhechel-Bläuling 38
Hautkopf, Zimtbrauner 92
Heidelibelle, Blutrote 56
Heinrich, Guter 124
Herbsttrompete (Totentrompete) 89
Herkules 176
Heupferd, Grünes 30
Hirschkäfer 106
Hirtentäschelkraut 21
Hochalpen-Widderchen 141
Höckerschwan 66
Hof (oder Kranz) 160
Holzapfel 76

Holzbiene, Blaue 32
Honigbiene 32
Hornissen-Schwebfliege 109
Hornklee, Gemeiner 24
Hund, Großer 176
Hundsrose 98
Hyaden 184

I
Incus 154
Internationale Raumstation siehe ISS; Raumstation, Internationale
Isabellaspinner 138
ISS (Internationale Raumstation) 164

J
Japanischer Staudenknöterich siehe Staudenknöterich, Japanischer
Johanniskraut, Echtes 24
Jungfrau 180
Jupiter 167

K
Kaiserling (Orangegelber Wulstling) 89
Kaisermantel 110
Kanadagans 64
Karde, Wilde 16
Kassiopeia 172
Kepheus 174
Kernbeißer 118
Keulenschrecke, Sibirische 136
Klatschmohn 27
Kleiber (Spechtmeise) 119
Kleinblütige Bergminze siehe Bergminze, Kleinblütige
Kleinblütiges Knopfkraut siehe Knopfkraut, Kleinblütiges

Kleiner Apollofalter siehe Apollofalter, Kleiner
Kleiner Bär siehe Bär, Kleiner
Kleiner Haloring (22°-Halo) siehe Haloring, Kleiner
Klette, Große 100
Knäkente 68
Knoblauchsrauke 94
Knollenblätterpilz, Grüner 93
Knopfkraut, Kleinblütiges 20
Kohldistel 98
Kormoran 69
Kornblume 14
Krähenfuß-Wegerich 50
Kranz (oder Hof) 160
Kuckuck 120

L
Lachmöwe 69
Lärche 130
Lagunennebel 184
Landkärtchen 110
Leier 178
Leuchtende Nachtwolken siehe Nachtwolken, Leuchtende
Lichtnelke, Weiße 22
Lilagold Feuerfalter siehe Feuerfalter, Lilagold
Löwenzahn 24
Lungenkraut, Geflecktes 100

M
Mädesüß, Echtes 42
Mädesüß-Perlmuttfalter 60
Magerwiesen-Margerite 18
Maiglöckchen 96
Malve, Wilde 16
Mamma 155
Mars 166
Maßholder (Feldahorn) 80

Mäusebussard 144
Meerfenchel 50
Mehlbeere 75
Meisterwurz 124
Milchstraße 182
Minze, Rundblättrige 44
Möhre 18
Mohrenfalter, Weißbindiger 138
Mondfinsternis 168
Mosaikjungfer, Blaugrüne 56

N
Nacht 164
Nachtwolken, Leuchtende 156
Natternkopf, Gewöhnlicher 15
Nimbostratus 150

O
Ochsenauge, Rotbraunes 113
Orion 178
Orionnebel 183

P
Pechlibelle, Große 56
Pegasus 179
Perlmuttfalter, Braunfleckiger 60
Perseus 179
Pfeifente 66
Pfennigkraut 48
Pirol 120

Plejaden 183
Polarlicht 168
Portulak 22
Preiselbeere 124
Ptolemäus' Sternhaufen siehe Sternhaufen, Ptolemäus'
Pyrenäen-Heuschrecke 136

R
Rainfarn 22
Raumstation, Internationale (ISS) 164
Regenbogen 160
Rettich-Helmling, Rosa 90
Riesenholzwespe 136
Ritterling, Gelbgrüner 92
Rohrkolben, Breitblättriger 48
Rosa Rettich-Helmling siehe Rettich-Helmling, Rosa
Rosenkäfer, Goldglänzender 30
Rotbraunes Ochsenauge siehe Ochsenauge, Rotbraunes
Rotbuche 133
Roter Fingerhut siehe Fingerhut, Roter
Roter Scheckenfalter siehe Scheckenfalter, Roter
Rotfichte (Fichte, Rottannne) 130

Rottanne (Fichte, Rotfichte) 130
Rübe, Wilde 50
Rüsselkäfer, Großer Brauner 106
Rundblättrige Minze siehe Minze, Rundblättrige

S
Salweide 78
Satans-Röhrling 90
Saturn 167
Schafgarbe, Gemeine 18
Scheckenfalter, Goldener 62
Scheckenfalter, Roter 38
Schillerfalter, Großer 110
Schlangen-Knöterich 45
Schlehen-Federgeistchen 38
Schleiereule (Blaugestiefelter Schleimkopf) 84
Schleimkopf, Blaugestiefelter (Schleiereule) 84
Schmalblättriges Weidenröschen siehe Weidenröschen, Schmalblättriges
Schwalbenschwanz 36
Schwan (Sternbild) 174
Schwarzerle 52
Schwarzhütiger Steinpilz siehe Bronze-Röhrling; Steinpilz, Schwarzhütiger
Schwarzmilan 144
Schwarzpappel 52

Seekiefer (Strandkiefer) 72
Seidenreiher 64
Semmel-Stoppelpilz 84
Sibirische Keulenschrecke siehe Keulenschrecke, Sibirische
Siebenpunkt-Marienkäfer 30
Silbertanne (Edeltanne, Weißtanne) 130
Silberweide 53
Silberwurz, Weiße 124
Skorpion (Sternbild) 180
Sommereiche (Stieleiche) 78
Sommerlinde 74
Sonne 164
Sonnenfinsternis 168
Spechtmeise (Kleiber) 119
Sperber 144
Spiegel-Dickkopffalter 63
Spitzahorn 81
Spitzwegerich 22
Star 116
Stauden-Knöterich, Japanischer 44
Steineiche 76
Steinpilz, Gemeiner 88
Steinpilz, Schwarzhütiger (Bronze-Röhrling) 88
Sternhaufen, Ptolemäus' 184
Sternschnuppen 168
Stieleiche (Sommereiche) 78

Stier (Sternbild) 180
Stink-Schirmling 93
Stockente 66
Stockschwämmchen, Gemeines 86
Strandkiefer (Seekiefer) 72
Stratocumulus stratiformis 152
Stratus fractus 152
Stratus nebulosus opacus 152
Strauch-Melde 50
Stromtal-Wiesenvögelchen 62
Sumpfschrecke 58
Sumpf-Schwertlilie 48

T
Tagpfauenauge 36
Taubenschwänzchen 38
Teufelskralle, Ährige 128
Totentrompete (Herbsttrompete) 89
Traubeneiche (Wintereiche) 78
Trauerweide (Babylonische Trauerweide) 53
Tuba 155
Turmfalke 144

V
Venus 166
Vielblütige Weißwurz siehe Weißwurz, Vielblütige
Vogelbeere (Eberesche) 133
Vogelkirsche 76
Vogelmiere, Gewöhnliche 21
Vogel-Wicke 15

W
Wagen, Großer 176
Waldameise 109
Wald-Engelwurz 42
Wald-Erdbeere 96
Waldföhre (Waldkiefer) 132
Waldgrille 108
Waldkiefer (Waldföhre) 132
Waldmaikäfer 106
Waldmeister 96
Waldvogel, Brauner (Schmetterling) 110
Wald-Ziest 100
Wasserskorpion 58
Weidenröschen, Schmalblättriges 128
Weidenröschen, Zottiges 47
Weißbindiger Mohrenfalter siehe Mohrenfalter, Weißbindiger
Weiße Lichtnelke siehe Lichtnelke, Weiße
Weiße Silberwurz siehe Silberwurz, Weiße
Weißer Gänsefuß siehe Gänsefuß, Weißer
Weißtanne (Edeltanne, Silbertanne) 130
Weißwurz, Vielblütige 96
Wiedehopf 118
Wiesen-Bärenklau 16
Wiesenklee 26
Wiesenknopf, Großer 46
Wiesensalbei 14
Wiesen-Schaumkraut 47
Wiesenskabiose 26

Wilde Karde siehe Karde, Wilde
Wilde Malve siehe Malve, Wilde
Wilde Rübe siehe Rübe, Wilde
Wintereiche (Traubeneiche) 78
Winterlinde 74
Wulstling, Orangegelber (Kaiserling) 89

Z
Zimtbrauner Hautkopf siehe Hautkopf, Zimtbrauner
Zitronenfalter 36
Zitronenmelisse 99
Zitterpappel (Espe) 72
Zottiges Weidenröschen siehe Weidenröschen, Zottiges
Zunderschwamm 90
Zwillinge 176